高等职业教育项目课程改革规划教材

玩具造型设计

主　编　张　肖　王秀峰
参　编　黄承俊　曾成秀
主　审　汪立极

机械工业出版社

本书是以项目课程思想为指导编写的一本工业设计专业玩具造型设计教材。本书介绍了玩具造型设计项目的实际操作流程，以及运用三维建模软件 Rhino 及三维渲染软件 Hypershot 进行玩具造型设计及创意表达的方法和技巧。通过具体的项目案例引申出玩具造型设计程序、配色、选材、加工、审核等相关知识。

全书由四个项目组成：项目 1 为木质玩具的造型设计，介绍三维软件在玩具造型设计中的应用，为学员建立基本的几何造型概念；项目 2 为毛绒玩具的造型设计，通过简单曲面造型设计及配色，掌握玩具的基本设计程序；项目 3 为塑料玩具的造型设计，强化三维曲面的构建以及渲染技巧，加深对玩具造型细节设计的理解；项目 4 为创意玩具的造型设计，对设计流程再次梳理，通过引入玩具的创新设计方法，拓展玩具设计者的视野和思路。

本书内容翔实，图文并茂，可作为高职高专相关设计专业学生的教材，也可作为相关工业产品设计人员的培训教材。

图书在版编目（CIP）数据

玩具造型设计/张肖，王秀峰主编．—4 版．—北京：机械工业出版社，2012.2

高等职业教育项目课程改革规划教材

ISBN 978-7-111-34667-8

Ⅰ．①玩… Ⅱ．①张… ②王… Ⅲ．①玩具—造型设计—高等职业教育—教材

Ⅳ．TS958.02

中国版本图书馆 CIP 数据核字（2012）第 006748 号

机械工业出版社（北京市百万庄大街 22 号 邮政编码 100037）

策划编辑：边 萌 责任编辑：边 萌 胡大华

版式设计：墨格文慧 封面设计：鞠 杨

责任印制：杨 曦

保定市中画美凯印刷有限公司印刷

2012 年 2 月第 1 版第 1 次印刷

184mm×260mm・8.75 印张・209 千字

0001—3000 册

标准书号：ISBN 978-7-111-34667-8

定价：46.00 元

凡购本书，如有缺页、倒页、脱页，由本社发行部调换

电话服务	网络服务
社服务中心：（010）88361066	门户网：http://www.cmpbook.com
销售一部：（010）68326294	
销售二部：（010）88379649	教材网：http://www.cmpedu.com
读者购书热线：（010）88379203	**封面无防伪标均为盗版**

高等职业教育项目课程改革规划教材编审委员会

序

中国的职业教育正在经历课程改革的重要阶段。传统的学科型课程被彻底解构，以岗位实际工作能力的培养为导向的课程正在逐步建构起来。在这一转型过程中，出现了两种看似很接近，人们也并不注意区分，而实际上却存在重大理论基础差别的课程模式，即任务驱动型课程和项目化课程。二者的表面很接近，是因为它们都强调以岗位实际工作内容为课程内容。国际上已就如何获得岗位实际工作内容取得了完全相同的基本认识，那就是以任务分析为方法。这可能是二者最为接近之处，也是人们容易混淆二者关系的关键所在。

然而极少有人意识到，岗位上实际存在两种任务，即概括的任务和具体的任务。例如对商务专业而言，联系客户是概括的任务，而联系某个特定业务的特定客户则是具体的任务。工业类专业同样存在这一明显区分，如汽车专业判断发动机故障是概括的任务，而判断一辆特定汽车的发动机故障则是具体的任务。当然，许多有见识的课程专家还是敏锐地觉察到了这一区别，如我国的姜大源教授，他使用了写意的任务和写实的任务这两个概念。美国也有课程专家意识到了这一区别并为之困惑。他们提出的问题是："我们强调教给学生任务，可现实中的任务是非常具体的，我们该教给学生哪件任务呢？显然我们是没有时间教给他们所有具体任务的"。

意识到存在这两种类型的任务是职业教育课程研究的巨大进步，而对这一问题的有效处理，将大大推进以岗位实际工作能力的培养为导向的课程模式在职业院校的实施，项目课程就是为解决这一矛盾而产生的课程理论。姜大源教授主张在课程设计中区分两个概念，即课程内容和教学载体。课程内容即要教给学生的知识、技能和态度，它们是形成职业能力的条件（不是职业能力本身），课程内容的获得要以概括的任务为分析对象。教学载体即学习课程内容的具体依托，它要解决的问题是如何在具体活动中实现知识、技能和态度向职业能力的转化，它的获得要以具体的任务为分析对象。实现课程内容和教学载体的有机统一，就是项目课程设计的关键环节。

这套教材设计的理论基础就是项目课程。教材是课程的重要构成要素。作为一门完整的课程，我们需要课程标准、授课方案、教学资源和评价方案等，但教材是其中非常重要的构成要素，它是连接课程理念与教学行为的重要桥梁，是综合体现各种课程要素的教学工具。一本好的教材既要能体现课程标准，又要能为寻找所需教学资源提供清晰索引，还要能有效地引导学生对教材进行学习和评价。可见，教材开发是项非常复杂的工程，对项目课程的教材开发来说更是如此，因为它没有成熟的模式可循，即使在国外我们也几乎找不到成熟的项目课程教材。然而，除这些困难外，项目教材的开发还担负着一项艰巨任务，那就是如何实现教材内容的突破，如何把现实中非常实用的工作知识有机地组织到教材中去。

这套教材在以上这些方面都进行了谨慎而又积极的尝试，其开发经历了一个较长过程（约4年时间）。首先，教材开发者们组织企业的专家，以专业为单位对相应职业岗位上的工作任务与职业能力进行了细致而有逻辑的分析，并以此为基础重新进行了课程设置，撰写了专业教学标准，以使课程结构与工作结构更好地吻合，最大限度地实现职业能力的培养。

其次，教材开发者们以每门课程为单位，进行了课程标准与教学方案的开发，在这一环节中尤其突出了教学载体的选择和课程内容的重构。教学载体的选择要求具有典型性，符合课程目标要求，并体现该门课程的学习逻辑。课程内容则要求真正描绘出实施项目所需要的专业知识，尤其是现实中的工作知识。在取得以上课程开发基础研究的完整成果后，教材开发者们才着手进行了这套教材的编写。

经过模式定型、初稿、试用、定稿等一系列复杂阶段，这套教材终于得以诞生。它的诞生是目前我国项目课程改革中的重要事件。因为它很好地体现了项目课程思想，无论在结构还是内容方面都达到了高质量教材的要求；它所覆盖专业之广，涉及课程之多，在以往类似教材中少见，其系统性将极大地方便教师对项目课程的实施；对其开发遵循了以课程研究为先导的教材开发范式。对一个国家而言，一个专业、一门课程，其教材建设水平其实体现的是课程研究水平，而最终又要直接影响其教育和教学水平。

当然，这套教材也不是十全十美的，我想教材开发者们也会认同这一点。来美国之前我就抱有一个强烈愿望，希望看看美国的职业教育教材是什么样子，因此每到学校考察必首先关注其教材，然而往往也是失望而回。在美国确实有许多优秀教材，尤其是普通教育的教材，设计得非常严密，其考虑之精细令人赞叹，但职业教育教材却往往只是一些参考书。美国教授对传统职业教育教材也多有批评，有教授认为这种教材只是信息的堆砌，而非真正的教材。真正的教材应体现教与学的过程。如此看来，职业教育教材建设是全球所面临的共同任务。这套教材的开发者们一定会继续为圆满完成这一任务而努力，因此他们也一定会欢迎老师和同学对教材的不足之处不吝赐教。

徐国庆

2010 年 9 月 25 日于美国俄亥俄州立大学

前　言

近年来，我国珠江三角洲地区的玩具产业在经历了一系列国内国际环境的考验之后，正在进行着一场由传统的代工生产（OEM）到拥有独立知识产权的自主品牌设计的变革。玩具生产企业对于玩具设计人才的需求也随之大幅增长。

本书系我院课程改革的第一批试点课程的教材之一，强调以过程为导向，以项目为引领，采用图文并茂的形式，将玩具造型设计理论知识融入实际项目操作中。本书详细地讲解了木质玩具、毛绒玩具、塑料玩具和创意玩具的设计过程及效果图绘制步骤，还重点介绍了如何用三维软件Rhino绘制玩具的三维模型及使用渲染软件Hypershot来表现各种玩具材料的质感。全书共有四个项目，又细分为六个模块，并根据各模块的特点来组织玩具知识架构。本书既适合高职高专类院校作为教材使用，也可供从事设计工作的人员参考。

本书在组织和编写上体现了以下特点：

1. 项目组织　以玩具材料特点组织项目，围绕玩具造型设计的核心展开。

2. 软件操作　选择工业设计领域最常用的三维造型软件Rhino和渲染软件Hypershot作为效果图制作的主要工具，以入门命令为主，将新兴效果图表现技术引入到传统手工表现为主的玩具设计行业中。

3. 设计调研　从项目分析到资料收集，再到设计调研等玩具造型设计前期的流程都有所涉及，以帮助读者了解常见的造型工作程序。

4. 延伸阅读　在每个项目之后都附有延伸阅读，作为本项目相关信息的补充，帮助学员扩展视野，举一反三。

全书由四个项目组成：分别为木质玩具的造型设计——介绍了三维软件在玩具造型设计中的应用，为学员建立基本的几何造型概念；毛绒玩具的造型设计——通过简单的曲面造型设计及配色，使学员掌握玩具造型的设计程序；塑料玩具的造型设计——强化三维曲面的构建以及渲染技巧，加深对玩具造型细节设计的理解；创意玩具的造型设计——对设计流程再次梳理，通过引入玩具的创新设计方法，拓展玩具设计者的视野和思路。

在本书编写过程中，作者查阅了中外玩具设计的相关文献资料，获得了玩具设计从业人士的大力帮助，汲取了宝贵的营养，在此表示诚挚的谢意。因作者水平所限，书中难免有所疏漏，敬请读者提出宝贵意见。

编　者

目　　录

项目 3　塑料玩具的造型设计

项目 4　创意玩具的造型设计

项目 1 木质玩具的造型设计

木制玩具是所有玩具中历史最悠久的门类之一。由于其具有原料易得并且容易加工的特性，所以木质玩具一直深受人们喜爱，其数量和种类也非常庞大。本项目选择了立体拼图玩具和静态木质玩具两个设计实例，帮助读者由浅至深认识木质玩具的特征、设计流程及设计方法，并初步了解三维软件在实际设计任务中的应用。

模块 1　立体拼图玩具的设计

立体拼图玩具作为木质玩具的一种，其结构清晰、价格低廉、益智性强，因此具有相当广泛的用户基础。

学习目标

- 了解木质玩具市场需求的调研方法
- 掌握草图设计技巧
- 掌握 Rhino 的基本建模技巧
- 掌握 Hypershot 软件的基本渲染技巧

工作任务

- 立体拼图玩具设计任务分析
- 立体拼图玩具的草图设计
- 立体拼图玩具的草模制作
- 立体拼图玩具效果图的制作

【设计师职业素养之一】

敏锐的观察力

敏锐的观察力是玩具设计师必备的职业素养之一。敏锐的观察力可以捕捉到自然物传神的细节，也可以为接下来的设计准备丰富的素材。要获得敏锐的观察力，一方面在生活中要有足够耐心和细心，乐于洞察生活中每一个可能带来改变的细节，才能够把握住设计的精髓，并逐渐形成独特的超越大众的审美力，从而产生对于玩具造型的审美评价能力；另一方面是对市场的准确分析和定位，具有这方面的能力，将有助于设计师把握市场动向，及时把握消费者的心理，正确地对设计做出定位。本模块通过动物造型的立体拼图玩具的设计训练，培养设计师对事物细致而敏锐的观察力。

本模块将依据表 1-1 展开立体拼图玩具的设计任务。

表 1-1　设计任务书

玩具名称	立体拼图玩具
造型要求	1. 以动物为主要造型元素 2. 能抓住动物的典型特征及动作姿态 3. 零件在 4～10 个之间 4. 适合摆放
规格要求	1. 以 3mm 厚胶合板为主材 2. 零件尺寸以 A4（297mm×210mm）为限
备注	两个工作日内完成提案

任务 1　立体拼图玩具的设计任务分析

任务实施

（1）立体拼图玩具设计分析　根据设计任务书的具体要求，确定动物主题。可将人们熟知、特征鲜明、体态优美的动物作为优先选择的对象。本模块选择“虎”为创作对象。

（2）收集图片　通过各种媒介及实际拍摄等途径收集在体态、姿势、角度等方面有代表性的参考图片若干（如图 1-1 所示）。

a)　b)　c)　d)　e)　f)

图 1-1　参考图片（图片来源于网络）

g）

h）

i）

j）

k）

l）

m）

n）

图 1-1　参考图片（图片来源于网络）（续）

o)

p)

图 1-1　参考图片（图片来源于网络）（续）

（3）图片的整理和分类　收集适量的相关图片后，填写表 1-2，并对“图片分析报告书”进行造型分析总结。

表 1-2　图片分析报告书

图片序号	类型/名称	表　情	体　态	环　境	色　彩
1					
2					
3					
4					
5					
6					
7					
8					
9					
10					
11					
……					
审核：			制订：		

任务 2　立体拼图玩具草模的设计与制作

1. 任务准备

任务实施前应准备卡纸、绘图笔、圆规、直尺、针笔、剪刀等工具。

2. 任务实施

（1）确定基本尺寸和参考平面　立体拼图玩具中的骨干零件主要分布在 *X–Y*、*X–Z*、*Y–Z*㊀ 三大基本平面（如图 1-2 所示）及与其平行的平面上，而细节零件所在的参考面则与骨干零

㊀ 本书图稿中应为斜体的字母，由于计算机制图软件的原因显示为正体，正文叙述时仍按标准规定执行。

件垂直。

（2）根据主题进行整体造型　以“虎”为例，虎的躯干部分形体比较大，并且呈几何形，因此可以用概括的手法将动物躯干几何化，以掌握它们的形体特征和运动变化（如图 1-3、图 1-4 所示）。四肢行走的动物的动作比较大，例如马和狗的奔跑，它们的跑与走都有明显的规律，只要抓住了这种规律，掌握了它们腿部关节的特点，就能找出它们运动中优美的姿势。

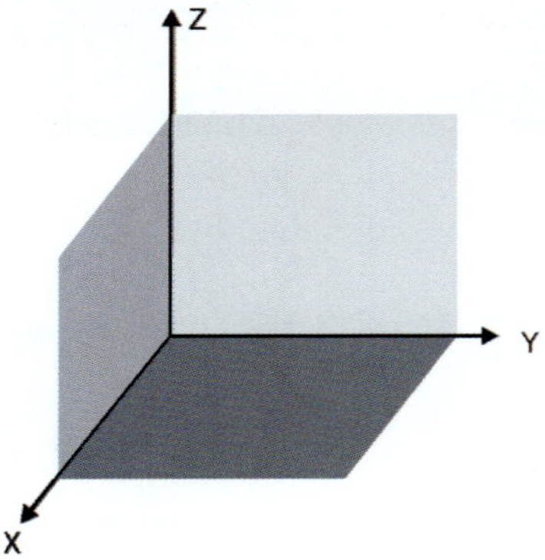

图 1-2　参考平面的确定

图 1-3　造型的选择

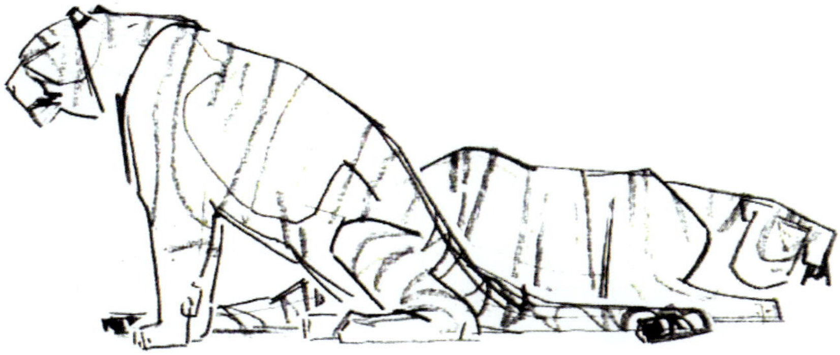

图 1-4　整 体 造 型

（3）零件设计

1）尺寸规范　在本项目中零件的主要尺寸不应超出卡纸总尺寸的 2/3。

2）形态要求

①抽象性　立体拼图玩具零件母板多采用 2～4mm 厚的椴木或桦木胶合板，这决定了在立体拼图玩具设计中只能采用平面元素，通过一定的拼插、接合等手段来表现各种立体题材。而现实中的动物形象都是实体的立体形象，立体拼图玩具设计中这种由现实世界中精炼出的物件或图像的方法称之为抽象。

图 1-5 所示是一组西班牙艺术大师毕加索笔下的牛及在设计中对牛的抽象过程。毕加索终生喜欢画牛，年轻时他画的牛体形庞大，有血有肉，威武雄壮；但随着年龄的增长，他画的牛越来越突显筋骨。到他 80 多岁时，他画的牛只有寥寥数笔，乍看上去就像一副牛的骨架，那些牛的外在的皮毛、血肉全没有了，只剩一副具有牛的神韵的骨架了。

图 1-5　毕加索对牛的抽象过程

②空间性　立体拼图玩具与平面拼图玩具最大的区别就在于空间结构上。立体拼图玩具将不同形态的平面的零件在三维空间中按照一定的原则组合成赋予其个性的立体形态。

【知识链接】

立体拼图玩具零件的空间构成形式有哪些？

（1）相切　面在空间中相遇，轮廓线彼此相切，由此生成一些新的形态。

（2）覆盖　一个面覆盖在另一面之上，从而在空间形成了面层之间的前后或上下的空间层次感。

（3）透叠　面与面在空间交错重叠，重叠的地方出现了新形状，并且具有透明性，通过上面面层可以看到下面被重叠的部分，重叠的部分不仅可见，还被强调出来，被强调出来的重叠部分特别能够引起视觉对它的关注。

（4）减缺　一个面的一部分被另一个面所覆盖，两形相减，保留了覆盖在上面的形象，又出现了被覆盖后的另一个形象留下的剩余形象——一个意料之外的新形象。减缺所强调的就是这个被减后剩下的新形象。

③组合性　立体拼图玩具由多个零件构成，立体拼图玩具设计的过程是一个由分割到组合或由组合到分割的过程。任何形态都可以还原到点、线、面，而点、线、面又可以组合成任何形态。

3）零件结构的设计

①常见榫接结构的设计。常见榫接结构如图 1-6 所示。

②在本项目中 X、Y 轴方向上的零件数均不应少于两个。

（4）草模的制作与组装

1）将零件草图转移到卡纸上并剪下。

2）试组装各零件，如图 1-7 所示。

a）　　　　b）

图 1-6　常见榫接结构

a）开口榫　b）闭口榫

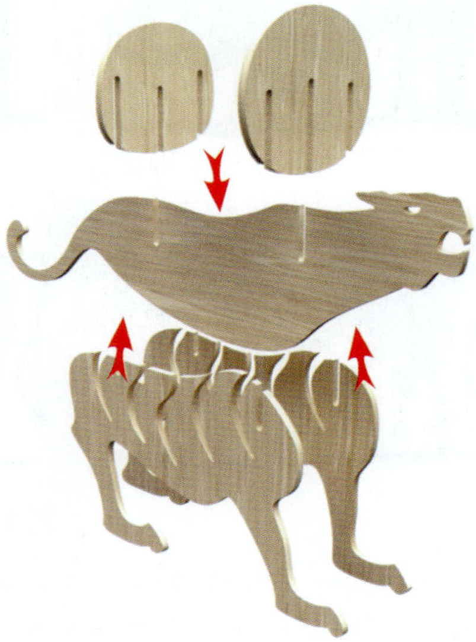

图 1-7　零件的组装

3）根据零件组装情况修正零件细节。常见的问题包括：

①卡纸厚度过薄或卡口缝隙过大导致零件无法接合。

②卡口位置或尺寸错误导致零件无法接合。

③卡口设计过于稀疏或角度错误导致组装完成后玩具无法站立。

④造型比例失调导致重心不稳。

（5）评价并调整立体拼图玩具零件的设计　根据表 1-3 分别从造型、结构和装配为草模打分，满分为 9 分，低于 6 分者应重新设计制作。

表 1-3　评 价 标 准

评分 / 内容	3 分	2 分	1 分
造型	造型美观协调并有所创新，能把握动物的典型特征	造型美观，抓住了动物的基本特征	没有抓住动物的典型特征，缺少细节
结构	零件设计层次清晰，卡口位置分布均匀，深度适中	零件设计有层次，卡口设计正确	零件设计缺乏层次，未设计卡口或卡口位置错误
装配	零件间能准确装配，装配完成后能够站立	零件间能够装配，但装配后无法站立	缺少关键零件，无法装配

任务 3　立体拼图玩具效果图的制作

1. 任务实施

（1）测量零件主要尺寸。

（2）在三维软件中确定尺寸及工作平面。

（3）利用直线及曲线绘制工具绘制零件轮廓线。

（4）使用挤压工具将轮廓线挤压成为实体。

（5）使用移动、旋转、复制等工具完成零件组装。

【知识链接】

Rhino 是什么软件？

犀牛软件（Rhino）是一个功能强大的高级建模软件，也是工业设计师前辈常用的。Rhino 是由美国 Robert McNeel 公司于 1998 年推出的一款基于 NURBS 的三维建模软件。Rhino 所提供的曲面工具可以精确地制作所有用来渲染效果图以及作为动画、工程图、分析评估和生产用的模型。Rhino 不但用于 CAD、CAM 等工业设计，更可为玩具设计行业打造出优良的模型。它以其人性化的操作流程让设计人员爱不释手。总之，Rhino3D NURBS 软件是三维建模高手必须掌握的、具有特殊实用价值的高级建模软件。

2. 制作步骤

（1）双击图标，进入 Rhino4.0 安装界面（如图 1-8 所示）。

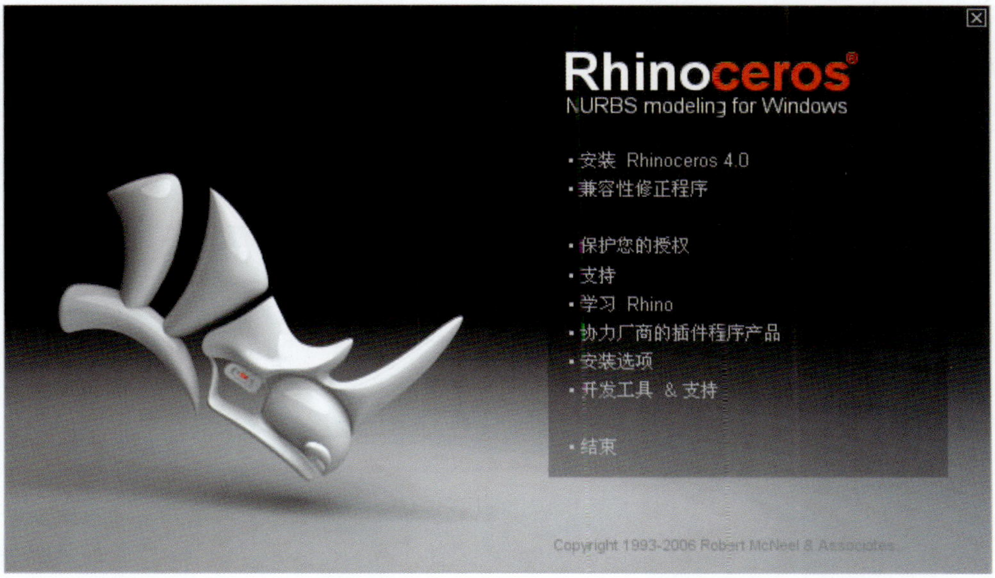

图 1-8　Rhino 4.0 安装界面

（2）在弹出的启动模板中选择建模尺度的基本单位。这里设置为 mm，如图 1-9 所示。

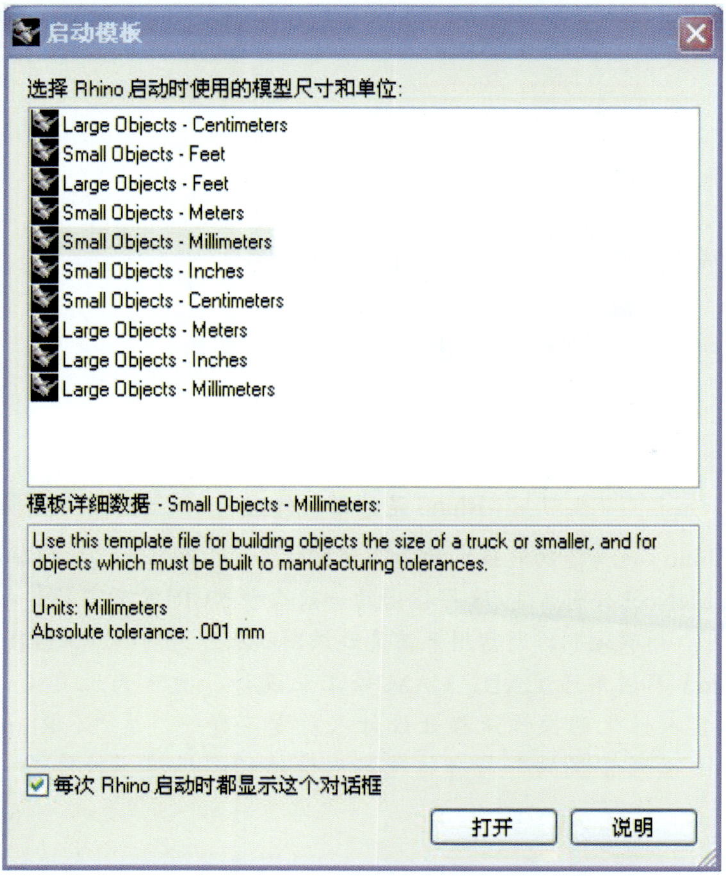

图 1-9　设置建模尺度的基本单位

（3）单击 Rhino 界面内的图标，对图层进行设置（如图 1-10 所示）。在不同的图层上绘制模型的零件对于建模过程中的对象管理和后期渲染都有很大帮助。

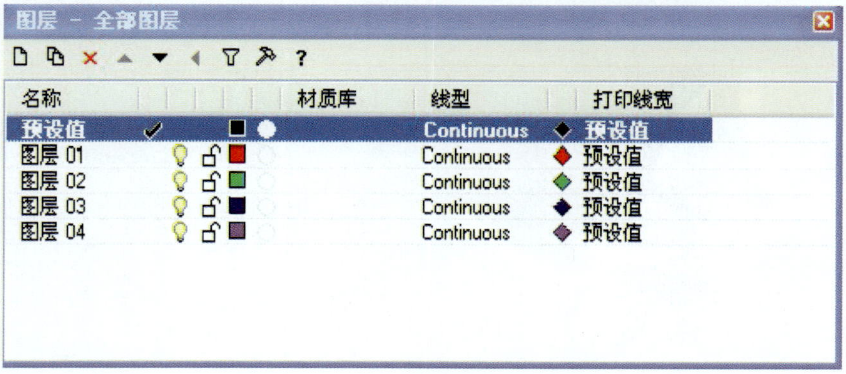

图 1-10　图层的设置

（4）单击图标，在 Front 视图中绘制一个 150mm×60mm 的矩形。选中矩形后点击鼠标中键，选择图标将矩形锁定，确定模型尺寸（如图 1-11 所示）。

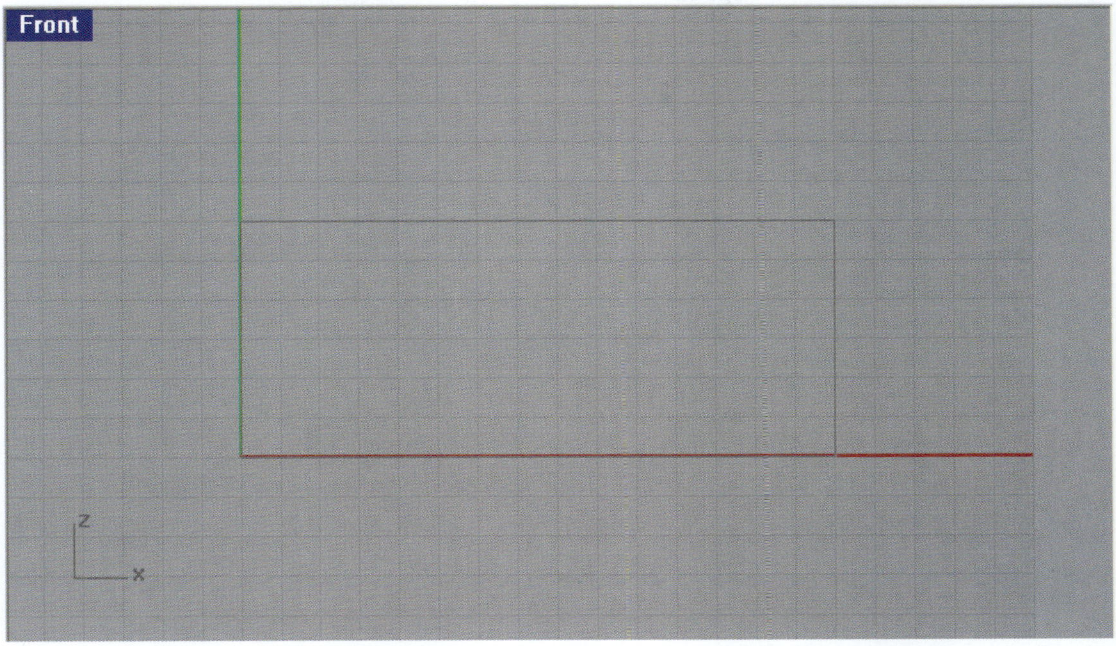

图 1-11　确定模型尺寸

（5）单击图标，在矩形框内绘制封闭的主体零件控制点曲线（如图 1-12 所示）。

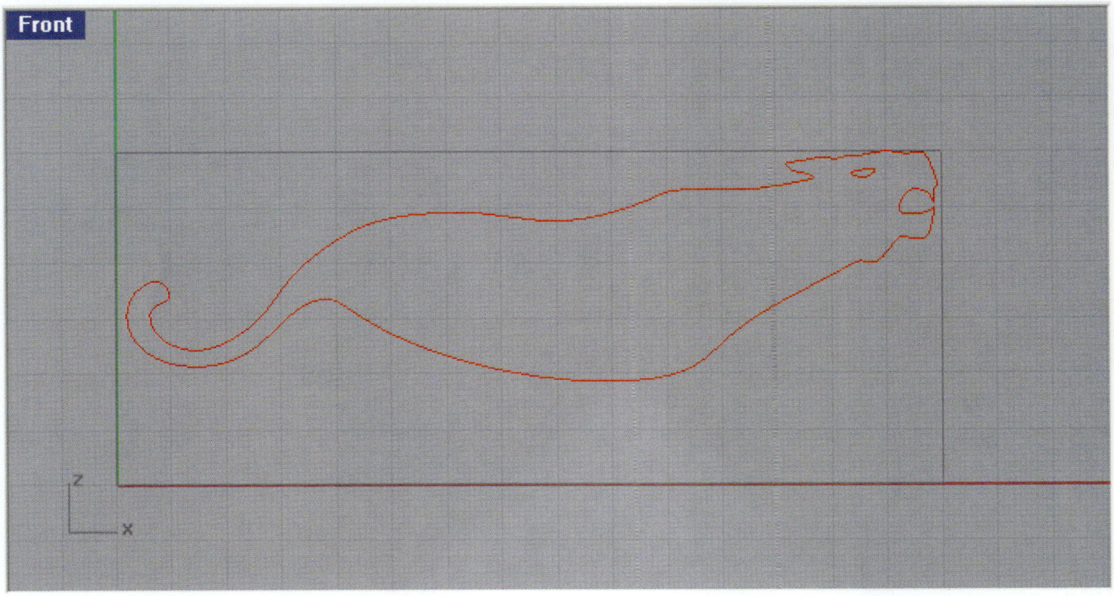

图 1-12　绘制主体零件控制点曲线

（6）选中曲线，单击图标，打开控制点，用鼠标左键选中相应控制点对曲线形态进行调整（如图 1-13 所示）。

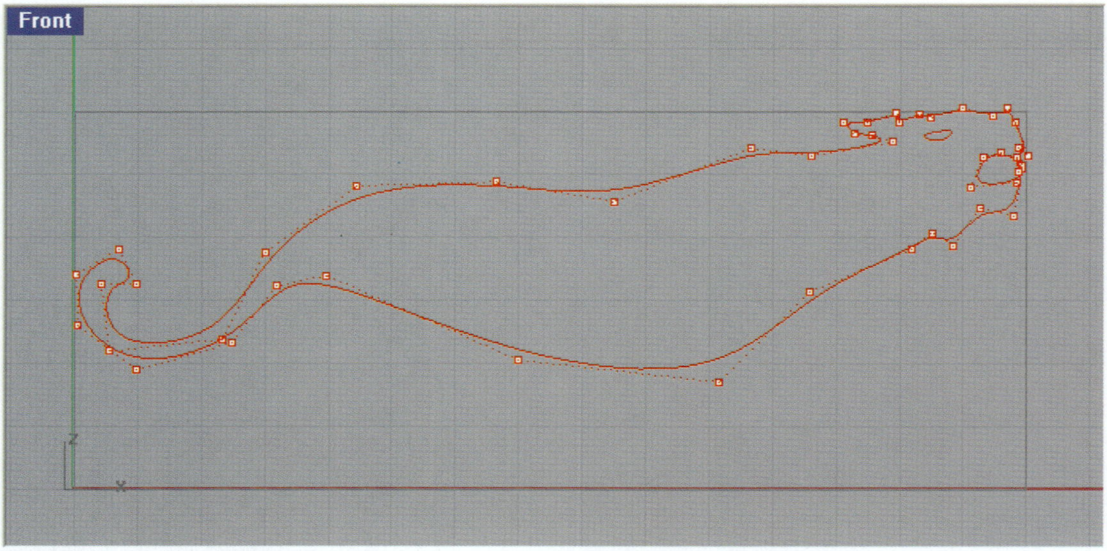

图 1-13　用控制点调整曲线形态

（7）单击中的圆角矩形工具，在零件上部绘制两个圆角矩形接口（如图 1-14 所示）。

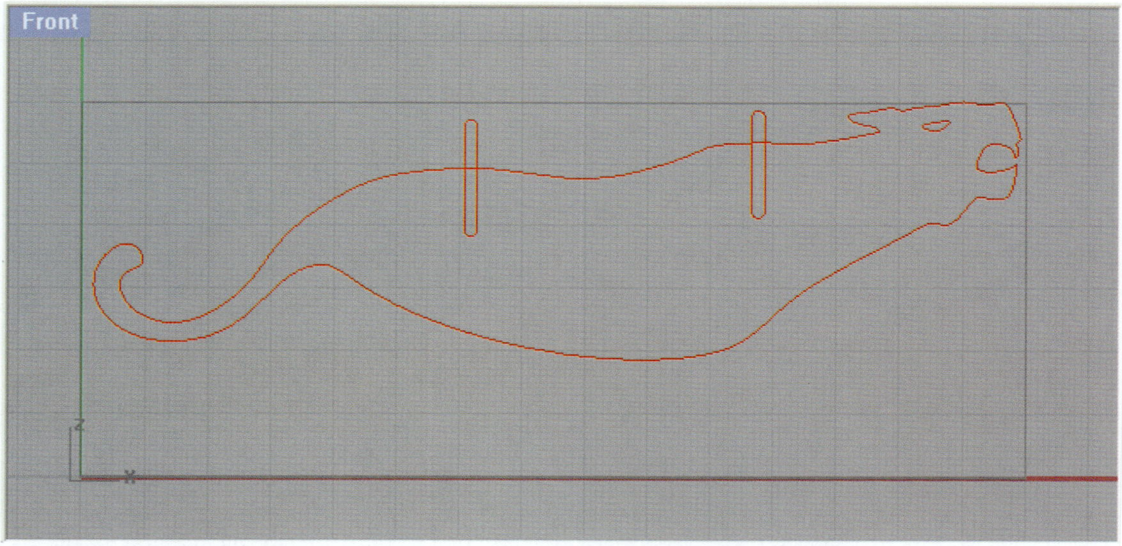

图 1-14　绘制零件接口

（8）单击图标，选中上述三条曲线，在封闭的曲线内点击右键，减去多余曲线，完成接口绘制（如图 1-15 所示）。

（9）选中轮廓曲线，在 TOP 视图中单击图标，将曲线拉伸成实体，拉伸距离为 2mm（如图 1-16 所示）。

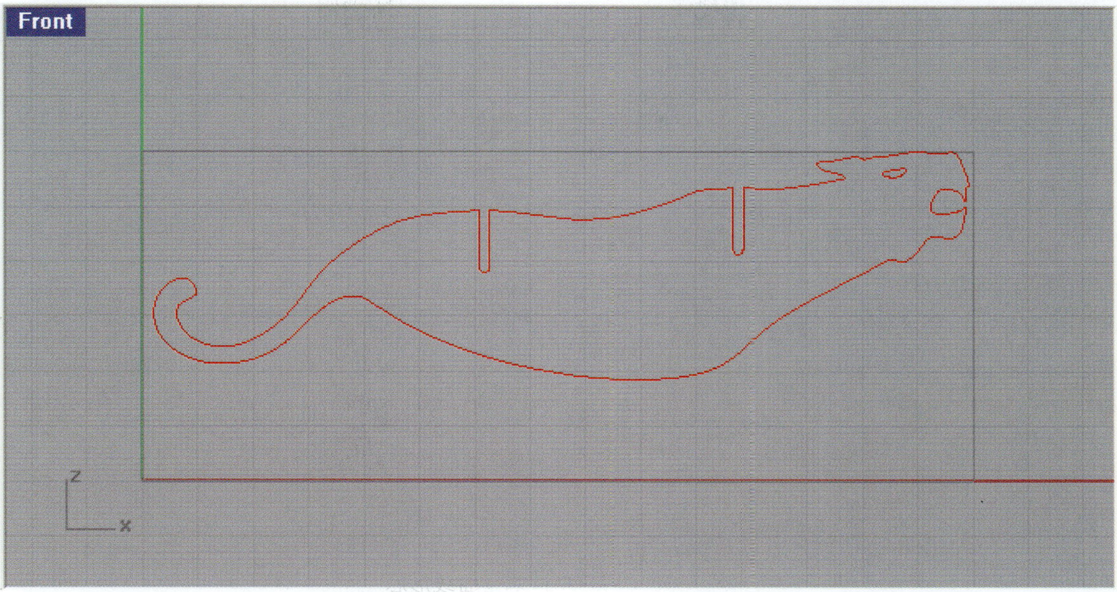

图 1-15　完成接口绘制

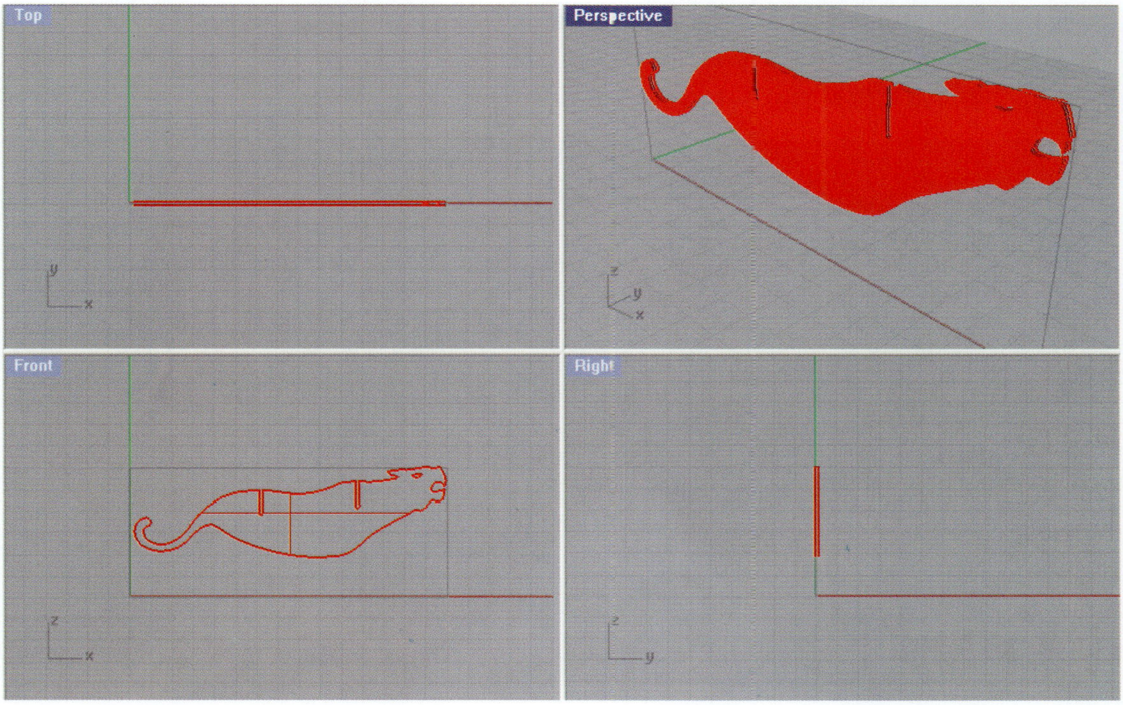

图 1-16　将曲线拉伸成实体

（10）新建图层，重复步骤（1）～（9），绘制其他零件（如图 1-17 所示）。

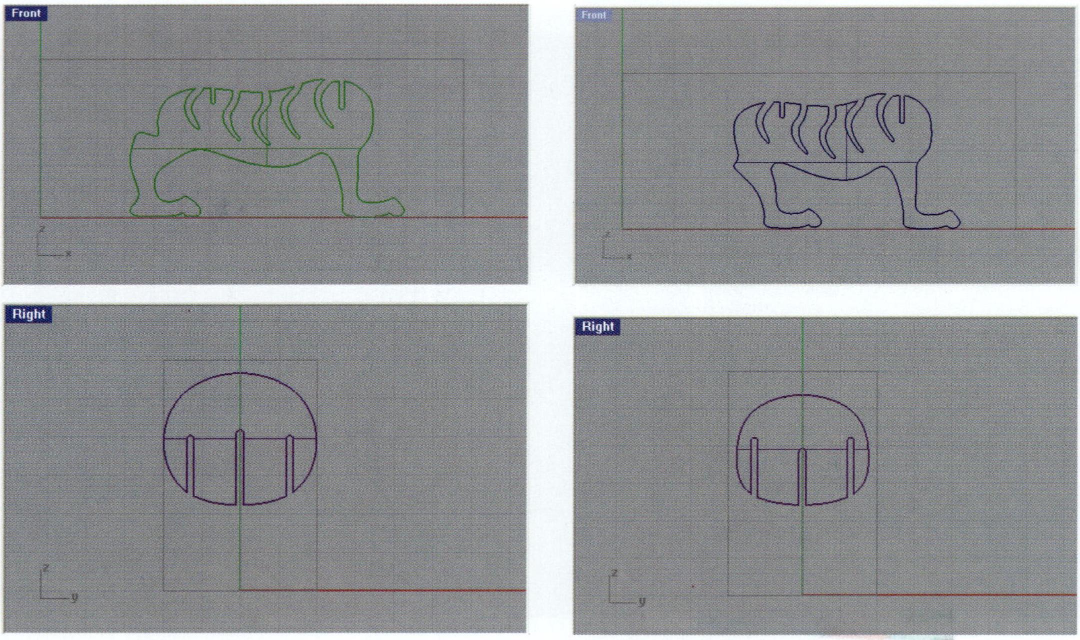

图 1-17　绘制其他零件

（11）单击 F8，打开正交开关，通过移动、旋转、复制等工具完成零件装配（如图 1-18 所示）。

（12）最终渲染效果如图 1-19 所示。

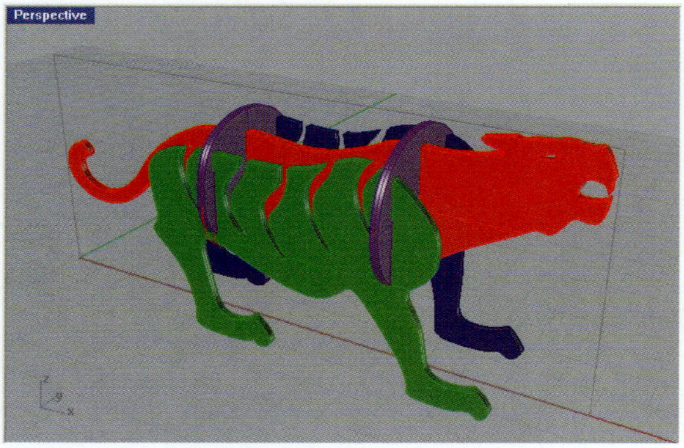

图 1-18　零 件 装 配

图 1-19　渲 染 效 果

【延伸阅读】

★ 拼图相关知识

1. 拼图玩具的定义

拼图玩具是指在平板上按设计图切割，形成若干不同规则的小块，将各小块按一定的顺序组合后，可以组装成不同形状的模型。拼图玩具也叫拼整玩具、组合玩具、组装玩具等。

2．拼图玩具的分类

拼图玩具按结构空间可以分为立体拼图及平面拼图两大类，其中立体拼图的选题主要包括：动物、植物类，建筑类，家具类，军事类，交通工具类等；而平面拼图选题相当广泛，几乎所有的摄影作品、绘画作品和二维设计作品都可以制作成平面拼图玩具。拼图玩具按材质可以分为纸质拼图、木质拼图、金属拼图和塑胶拼图等。

3．拼图玩具的历史与发展

中国最早的拼图玩具叫做“七巧板”（如图 1-20 所示），也称为“七巧图”、“智慧板”，是汉族民间流传的智力玩具。顾名思义，七巧板是由七块板组成的，而这七块板可拼成许多图形（1600 种以上）。例如：三角形、平行四边形、不规则多边形；玩家也可以把它拼成各种人物形象、动物、桥、房屋、塔等等；亦可拼成一些中、英文字母。

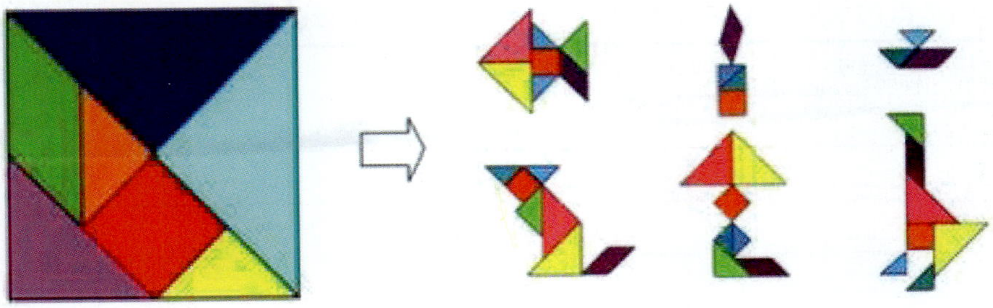

图 1-20　中国传统拼图玩具七巧板

现代拼图玩具始于 18 世纪的英国和法国。1760 年，法英两国几乎同时出现了这种既流行又有益的娱乐方式：把一张图片粘在硬纸板上，然后把它剪成不规则的小碎片，游戏规则是把这些小碎片复原。最初选用的图片都是有一定教育意义的，要么附有适于年轻人阅读的短文，要么向新兴资产阶级传授历史或地理知识。19 世纪，美国宾夕法尼亚州的查尔斯以当时富翁的住宅为原型，设计出了世界上第一套有接口、搭口的构造拼图，受到了市场的热捧。查尔斯于 19 世纪 80 年代开办了自己的玩具公司，大量生产木质构造玩具，深受世界各国青少年的喜爱。

随着时间的发展，拼图玩具作为一种集趣味性、益智性于一身，形式简单、成本低廉的玩具，已成为老少咸宜的世界性游戏产品。而拼图玩具的设计也正朝着立体化、多样化和个性化的方向不断发展（如图 1-21～图 1-24 所示）。

图 1-21　纸质平面拼图玩具

图 1-22　木质异型拼图玩具

图 1-23　金属立体拼图玩具

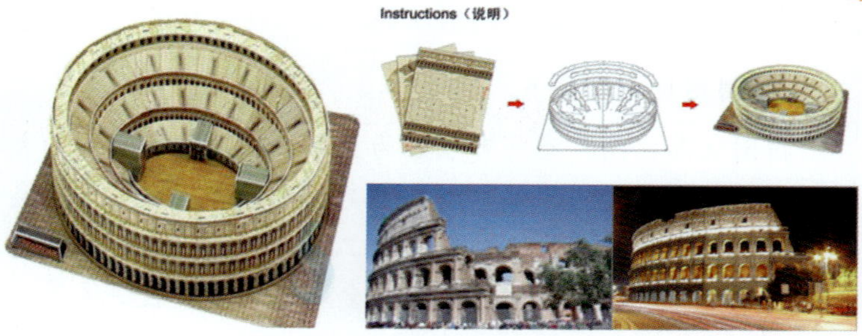

图 1-24　纸质立体仿真拼图玩具

【回顾反思】

1. 立体拼图的设计流程是怎样的？每个流程中遇到哪些问题？怎样解决的？

立体拼图的绘制流程	遇到的问题	解决问题的方法
（1）________		
（2）________		
（3）________		
（4）________		
（5）________		

2. 在进行绘制时都使用了哪些关键的操作命令？

操 作 命 令	在界面中的位置	使 用 方 法
（1）________		
（2）________		
（3）________		
（4）________		
（5）________		

【课后作业】

1. 立体拼图玩具零件的空间构成形式包括________、________和________。

2. 常见的榫接结构有：________、________和________。

3. 拼图玩具的种类有：________、________、________等。

4. 根据样例，完成相同主题不同形态的 2 到 3 个立体拼图玩具设计，组成一个故事情景，并与设计要求进行核对和修正。

模块 2　静态木质玩具的设计

静态木质玩具以展现静态人物、动物、器具或场景等为主，通常色彩比较鲜艳，具有较高的安全性，有广泛的受众。本模块通过静态木质玩具的设计项目，来巩固三维软件的基本建模技术。

学习目标

- 了解木质玩具市场需求的调研方法
- 掌握草图设计技巧
- 掌握 Rhino 的基本建模技巧
- 掌握 Hypershot 软件的基本渲染技巧
- 了解工程图的制作技术

工作任务

- 静态木质玩具设计任务分析
- 静态木质玩具草图的设计
- 静态木质玩具草模的制作
- 静态木质玩具效果图的制作
- 静态木质玩具工程图的制作

【设计师职业素养之二】

独特且持续的创新力

创新力包括创造意识、想象能力以及形态创造能力。创新力是设计的核心，玩具设计师必须具备很强的创新力，才能让作品脱颖而出。人的创新力与生俱来，但创新力也与后天的培养和一个人的见识、阅历密不可分。因为毕竟玩具设计不同于艺术品制作，产品最终是要面对消费者的，所以没有对于时尚的足够关注，没有对于新材料、新工艺的足够了解，再有天分也无法成为合格的设计师。本模块通过对传统工艺材料——木材的设计和更富时代意义的改变，训练设计师的独特的创新力。

本模块将依据表 1-4 展开静态木质玩具的设计任务。

表 1-4　设计任务书

玩具名称	静态木质玩具
造型要求	1. 以圣诞节为主题设计一款木质玩具 2. 能抓住圣诞节的代表元素，造型迎合节日气氛 3. 静态玩具，无可活动结构 4. 避免尖锐的形态，确保玩具的安全性
规格要求	1. 采用橡胶木为主材 2. 可以喷漆、丝印 3. 尺寸控制在 300mm×300mm×300mm 以内
备　　注	3 个工作日内完成提案

任务1　静态木质玩具设计任务的分析

任务准备及实施

（1）静态木质玩具设计分析　先根据设计任务书的具体要求，确定静态木质玩具的设计主题。在造型主体的把握上应体现圣诞节的风俗特点和季节特征，外观饱满圆润，突出节日气氛。可依据该主题展开资料收集和设计分析。

【知识链接】

欧美消费市场的节日玩具主题分类（表1-5）

表1-5　欧美市场节日玩具主题分类

分　类	主　题	形　象	色　彩
复活节（Easter）玩具	生命、复苏、自然、萌发	家畜家禽	嫩绿、桃红、湖蓝、鹅黄等
情人节(Valetine's　Day）玩具	热烈、纯洁、甜蜜、幸福	成对的卡通形象以及心形的装饰	鲜红、乳白、咖啡、金色
万圣节（Halloween）玩具	肃穆、惊惧、恐怖、恶搞	蝙蝠、吸血鬼、蜘蛛、南瓜等	黑、白、墨绿、暗紫
圣诞节（Christmas Day）玩具	收获、喜悦、欢愉、热情	圣诞老人、天使、麋鹿、熊等	红、绿、金、白

（2）背景资料的收集　本例中选取圣诞节作为木质玩具的设计主题。

【知识链接】

圣诞节的来由

“圣诞节”这个名称是“基督弥撒”的缩写。弥撒是基督教会的一种礼拜仪式，而圣诞节是一个宗教节日。人们把它当作耶稣的诞辰来庆祝，因而又名耶诞节。这一天，世界上所有的基督教会都举行特别的礼拜仪式。但是有很多圣诞节的欢庆活动与宗教并无关联。交换礼物，寄圣诞卡，这都使圣诞节成为一个普天同庆的日子。

西方人习惯以红、绿、白三色作为圣诞色，圣诞节来临时家家户户都要用圣诞色来装饰。红色的有圣诞花和圣诞蜡烛，绿色的是圣诞树，而白色的是雪花。圣诞树是圣诞节的主要装饰品，用杉、柏一类呈塔形的常青树装饰而成，上面悬挂着五颜六色的彩灯、礼物和纸花，还点燃着圣诞蜡烛。

红色与白色相映成趣的是圣诞老人，他是圣诞节活动中最受欢迎的人物。西方儿童在圣诞夜临睡之前，要在壁炉前或枕头旁放上一只袜子，等候圣诞老人在他们入睡后把礼物放在袜子内。在西方，人们在圣诞节活动中扮演圣诞老人也是一种习俗。

（3）图片的收集　本例中收集的图片如图 1-25 所示。

a）

b）

c）

d）

e）

f）

g）

h）

图 1-25　静态木质玩具造型调研图片收集（图片来源于网络）

i)

j)

k)

l)

m)

n)

o)

p)

q)

图 1-25　静态木质玩具造型调研图片收集（图片来源于网络）（续）

r）

s）

图 1-25　静态木质玩具造型调研图片收集（图片来源于网络）（续）

（4）图片的整理和分类　将以上图片归类，并将图片编号填入表 1-6 中。

表 1-6　静态木质玩具造型调研分类表

分　类	图 片 编 号
人 物 装 扮	
动 物 装 扮	
环 境 装 扮	
节 日 食 品	

任务 2　静态木质玩具的草图设计

1. 任务准备

任务实施前应准备卡纸、绘图笔、圆规、直尺等绘图工具。

2. 任务实施

（1）确定设计元素　根据资料，可以把设计元素归纳为主体元素和辅助元素，其中主体元素包括：老人、孩子、驯鹿、狗、雪人等；辅助元素包括：糖果、雪花、圣诞帽、围巾、铃铛、礼物、雪橇等。通过对主体元素和辅助元素的排列组合（如图 1-26 所示），可以得出不同的创新方案。

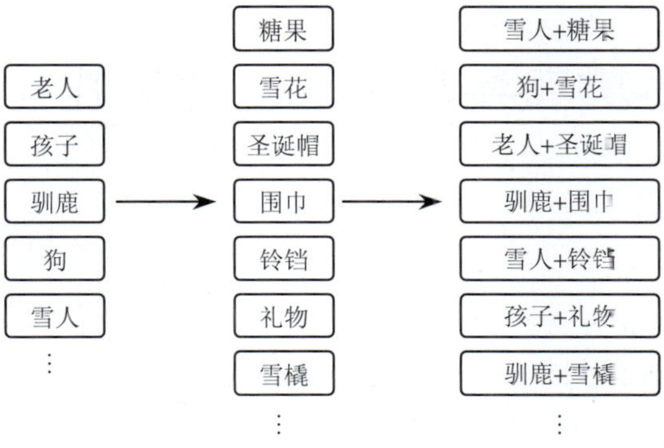

图 1-26　设计元素排列组合

（2）根据主题进行整体造型　本例中选择驯鹿为主体元素，围巾作为辅助元素。在传统故事中，圣诞老人总是在圣诞前夜乘着驯鹿拉的雪橇到来，他从烟囱爬进屋内，在孩子们床头的长筒袜中留下给孩子们的礼物，并吃掉孩子们为他特意留下的食物。十二只驯鹿伴随着圣诞老人的传说深入人心。

圣诞节是在每年的 12 月 25 日，是基督徒庆祝耶稣基督诞生的庆祝日。此时北半球正值冬季，人们往往穿着厚重的衣服以抵御寒冷，因此在圣诞玩具中常常出现冬季的服饰及自然元素。本例中以围巾和帽子作为辅助元素。

（3）草图设计

1）选择主体元素形象　选择图 1-27 所示的设计主体元素。

2）抽象主体形象并确定主体零件数　根据形象的主要特征和形体的趋势提炼造型元素，用简练并抽象的语言，利用几何块面将主体元素表现出来（如图 1-28 所示的主体形象的抽象），可借助二维软件或者手绘等方式实现。

3）对主体形象进行调整和丰富　对几何元素之间的位置、大小、形态等进行调整，使之比例协调并具备一定的美感。同时可以适当的增加一些造型元素以丰富玩具的细节（如图 1-29 所示）。

图 1-27　设计主体元素

图 1-28　主体形象的抽象

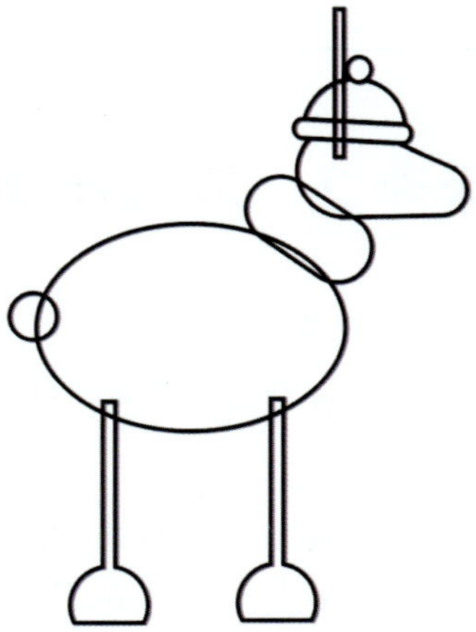

图 1-29　主体形象的调整和丰富

任务 3　静态木质玩具三维模型的制作

1. 任务实施

（1）计算零件主要尺寸。

（2）在三维软件中确定尺寸及工作平面。

（3）利用直线及曲线绘制工具绘制零件轮廓线。

（4）使用挤压工具将轮廓线挤压成为实体。

（5）使用移动、旋转、复制等工具完成零件组装。

2. 制作步骤

（1）单击图标，在 Front 视图中绘制一个 150mm×200mm 的矩形。选中矩形后点击鼠标中键，选择图标将矩形锁定，确定模型尺寸（如图 1-30 所示）。

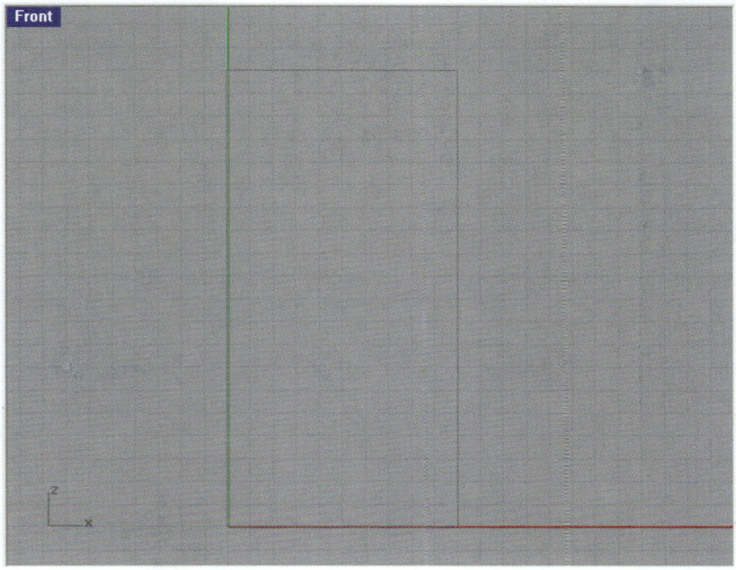

图 1-30 确定模型尺寸

（2）单击图标绘制如图 1-32 所示白色曲线。激活状态栏中的物件锁点（如图 1-31 所示），开启端点捕捉，单击图标分别连接白色曲线的两个端点，绘制粉色直线。

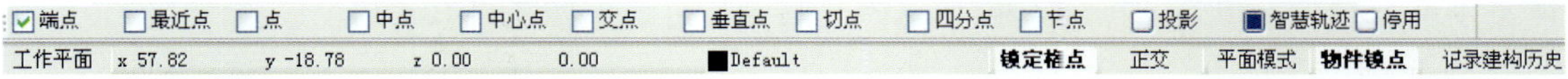

图 1-31 激活物件锁点

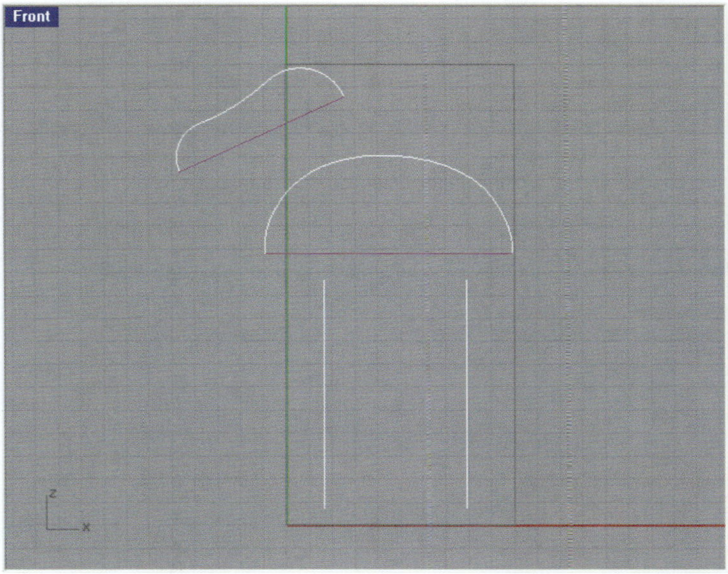

图 1-32 绘制零件雏形

（3）单击图标，选择曲线①，单击鼠标右键或回车键确认，再分别单击曲线②的两个端点，双击鼠标右键，完成鹿头的建模。同理完成鹿身的建模（如图 1-33 所示）。

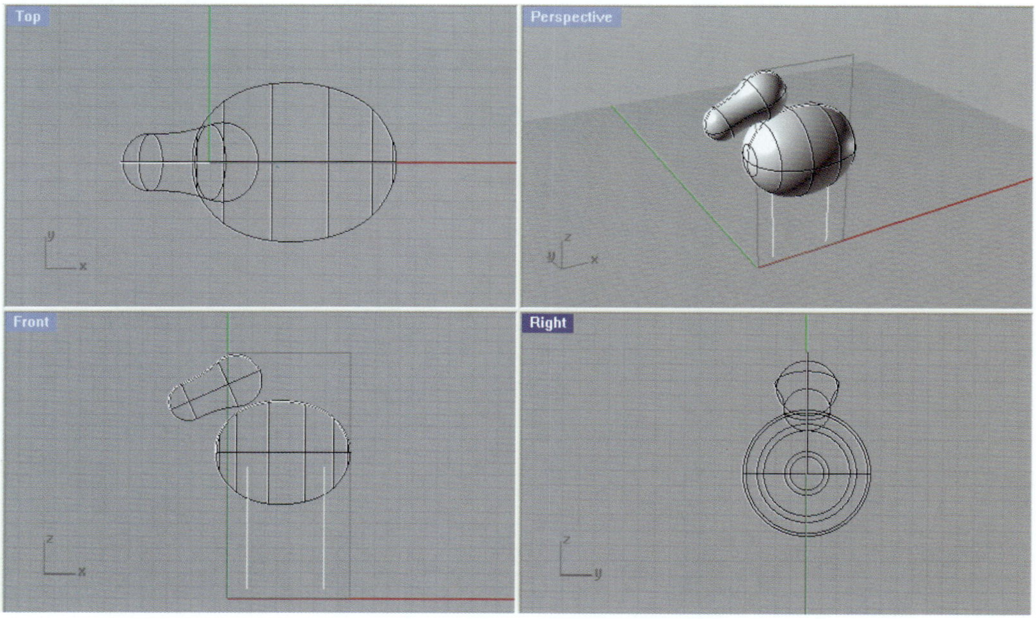

图 1-33　旋 转 成 型

（4）单击图标，在 Front 视图中绘制大小两个球体（如图 1-34 所示）。

（5）单击图标，在较大球体下部分绘制一条直线。单击图标，在 Front 视图中将球体下半部分减去。单击图标，将半球的“洞口”封闭（如图 1-35 所示）。

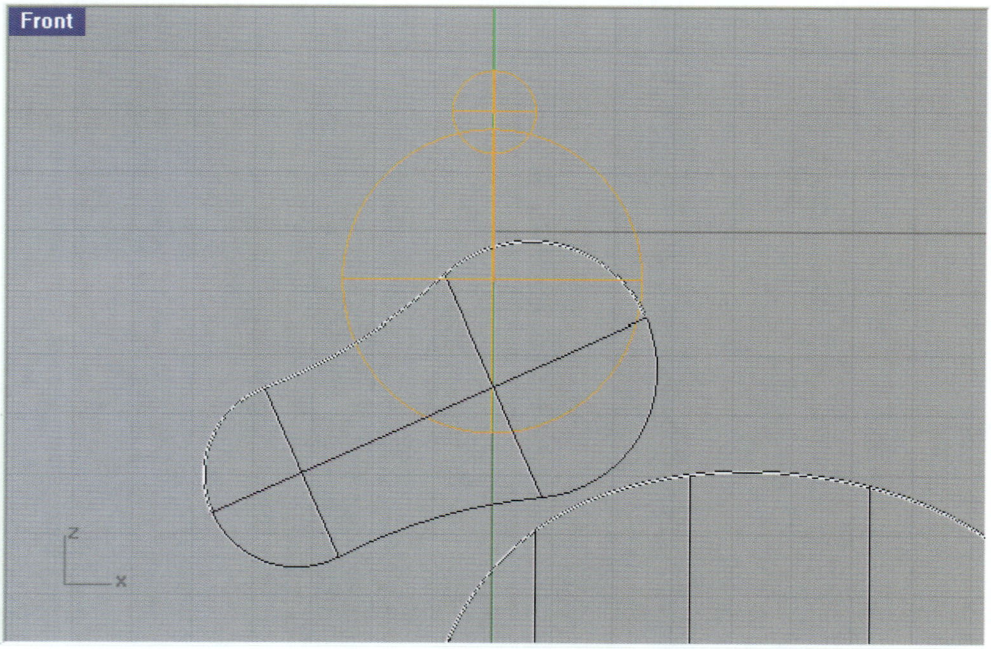

图 1-34　绘制帽子的形体

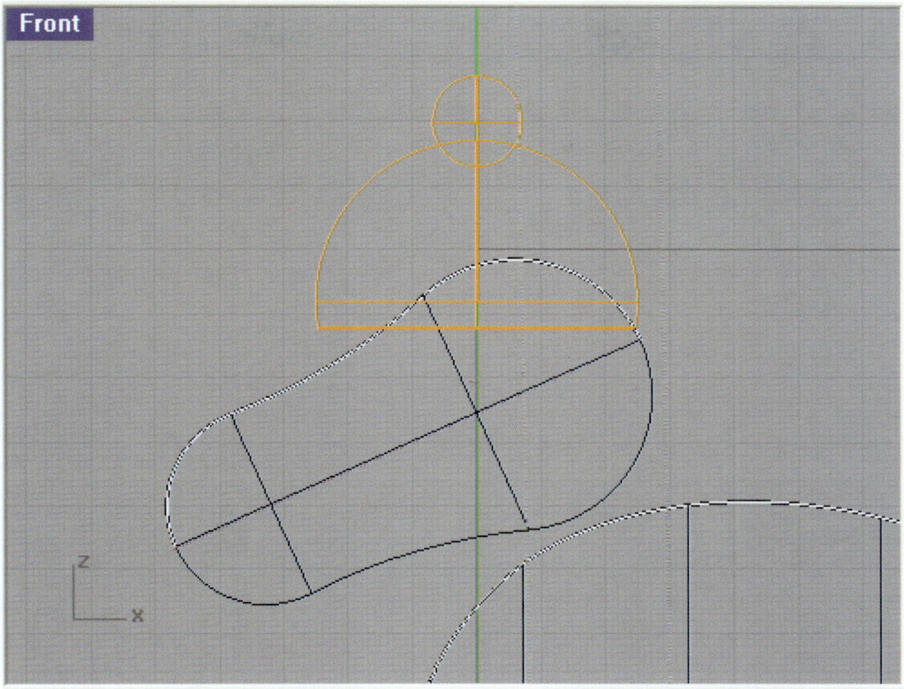

图 1-35　剪去多余部分并封闭形体

（6）单击图标，选择半球的边缘曲线，设置圆管半径，完成帽檐的绘制。同理完成围巾的绘制（如图 1-36 所示）。

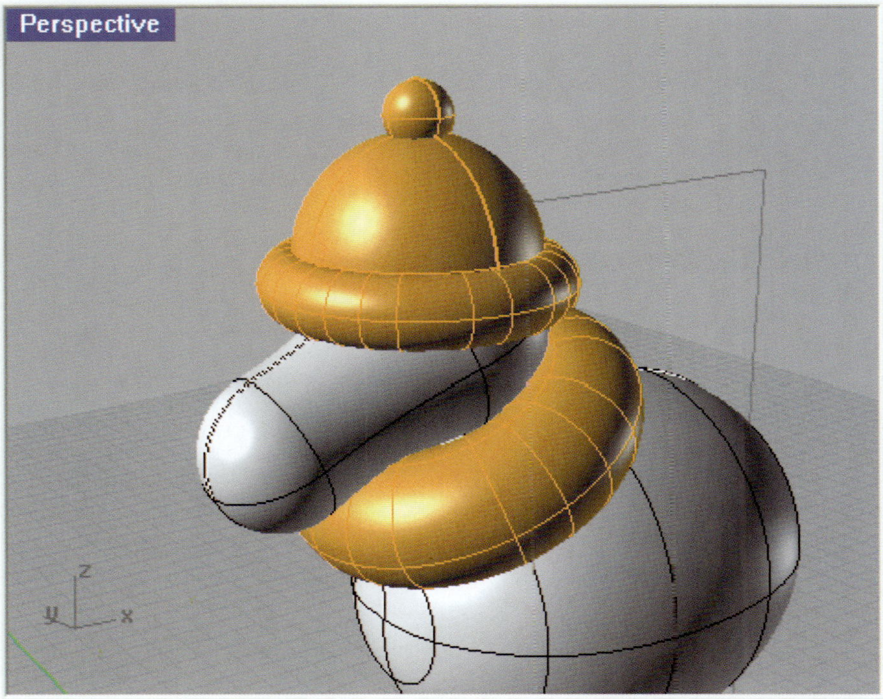

图 1-36　绘 制 围 巾

（7）重复（4）（5）（6）的操作，完成腿部的绘制。在 Right 视图中将鹿腿移动到合适位置，并单击图标沿 Z 轴镜像（如图 1-37 所示）。

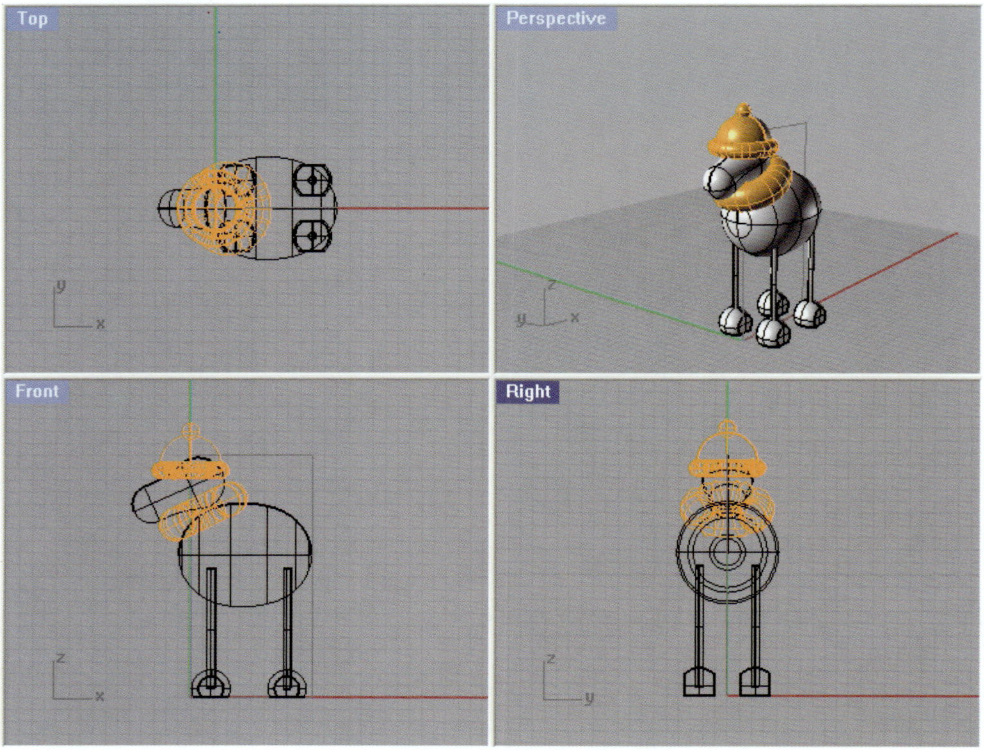

图 1-37　绘 制 鹿 腿

（8）在 Right 视图中单击图标，绘制如图 1-38 所示的鹿角造型线。

图 1-38　绘制鹿角造型线

（9）点击命令，将步骤（8）中绘制的所有线圈向外偏移，绘制鹿角外轮廓造型线（如图 1–39 所示）。

图 1–39　绘制鹿角外轮廓造型线

（10）选中步骤（9）中偏移所得的线圈，点击命令，减除多余曲线，并用倒角工具倒角，绘制鹿角外轮廓线（如图 1–40 所示）。

图 1–40　绘制鹿角外轮廓线

（11）单击图标，将曲线拉伸成实体，并单击图标将鹿角实体沿 Z 轴镜像，完成鹿角的制作（如图 1-41 所示）。

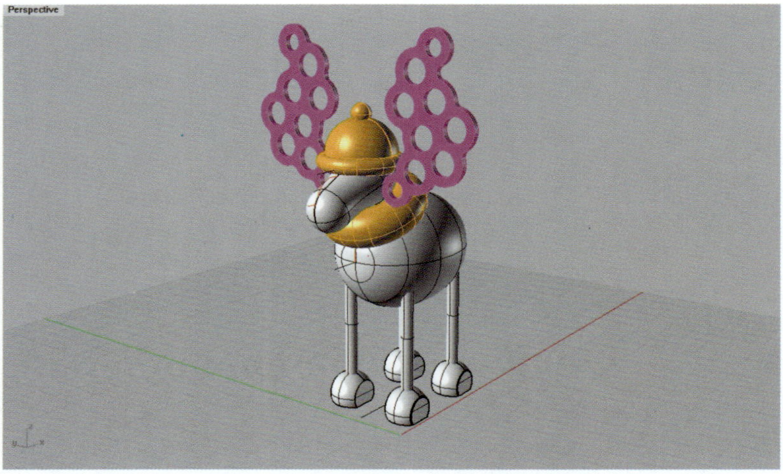

图 1-41 制 作 鹿 角

（12）单击图标，将各图层重叠部分零件分别作布尔加和运算。

任务 4 静态木质玩具效果图的渲染

1. 任务实施

（1）导入模型，给静态木质玩具赋予材质。

（2）调整环境和背景。

（3）渲染出图。

【知识链接】

HyperShot 是什么软件？

HyperShot 是由 Bunkspeed 公司所出品的一款基于 luxrender 的即时着色渲染软件。HyperShot 为一套即时 3DRendering，制作即时照片质量的图像软件。即时渲染技术，可以让使用者更加直观和方便地调节场景的各种效果，在很短的时间内作出高品质的渲染效果图，甚至是直接在软件中表达出渲染效果，大大缩短了传统渲染操作所需要花费的大量时间。

HyperShot 可直接以插件的形式支持 Pro/ENGINNER、SolidWorks、Rhino 及 Google SketchUp；即时着色不再需要任何专门技术，任何设计师都可以为他们的 3D 电脑设计预先做出逼真的着色渲染图像，而这仅仅需要几分钟，节省了大量做实体模型的金钱和时间耗费。现在，有了 Bunkspeed 提供的 HyperShot 的强大功能，渲染已成为创建过程和工作流程（从设计构思到营销图像）中一个简单而必要的部分。

HyperShot 操作简单，仅仅 6 个图标即可操作实现渲染着色，再搭配自行研发申请的专利技术可实现直接渲染，让你可以实时创作和处理高分辨率 3D 数字图像。设计的渲染是动态进行的，其效果极为真实，并且是在显示全部图形细节的状态下。以前要由相关专业人士进行的工作，现在团队中的任何人都可以独立完成。

图 1-42 所示为 HyperShot 软件图标。

图 1-42　HyperShot 软件图标

2. 制作步骤

（1）在 Rhino 菜单栏中单击渲染→目前的渲染器，激活 HyperShot 渲染插件。

（2）单击工具，打开 HyperShot 插件导入模型（如图 1-43 所示）。

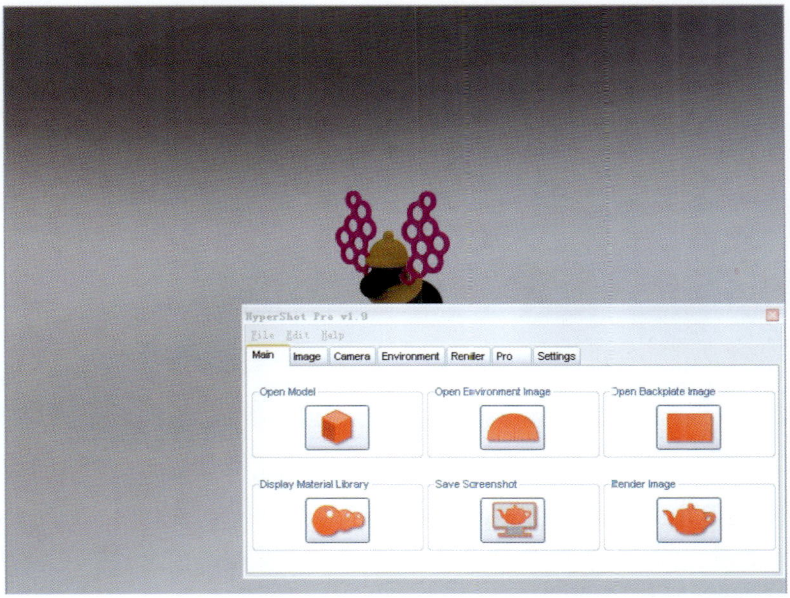

图 1-43　导 入 模 型

（3）单击工具，打开默认材质库，单击 Wood 项打开木纹材质库（如图 1-44 所示）。

图 1-44　打开木纹材质库

（4）按住键盘上的 Shift 键不放，用鼠标左键单击材质球，再移动到相应的零件上单击鼠标右键赋予零件材质（如图 1-45 所示）。

图 1-45　赋予零件材质

（5）鼠标右键单击鹿身材质，在菜单中选择 Material Properties，打开材质属性编辑菜单，调整 Diffuse 漫反射项及 Reflectivity 反射率数值（如图 1-46～图 1-48 所示）。同理调整围巾、帽子及鹿角的材质属性。

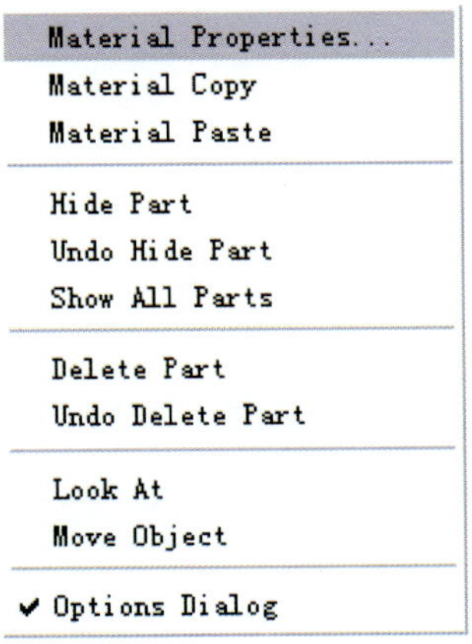

图 1-46　右 键 菜 单

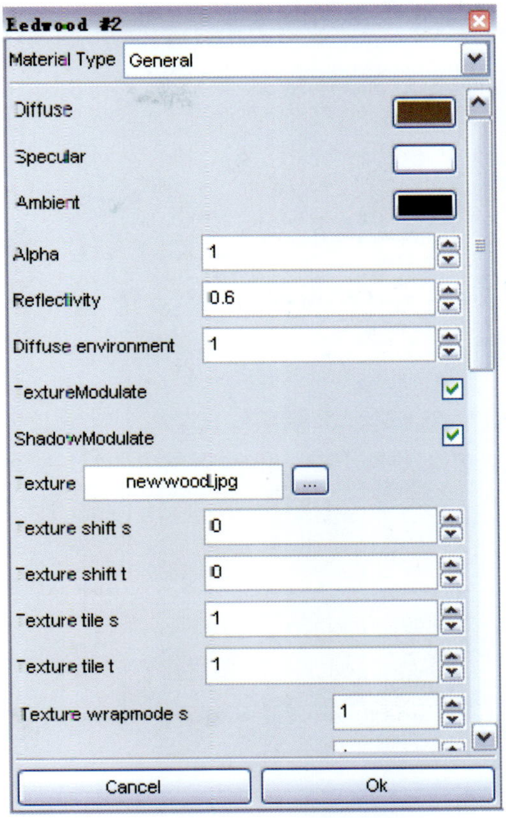

图 1-47　材质属性编辑菜单

图 1-48　漫反射调整项

【小技巧】

如何将调整后的材质加入材质库?

在材质库空白处单击鼠标右键选择第一项 Add current material to library（如图 1-49 所示），给调整后的新材质起个名字（如图 1-50 所示），点击确定后新材质就自动加入到材质库中（如

图 1-51 所示）。下次重新打开材质库的时候可以直接选择新材质而不需要重新调整了。

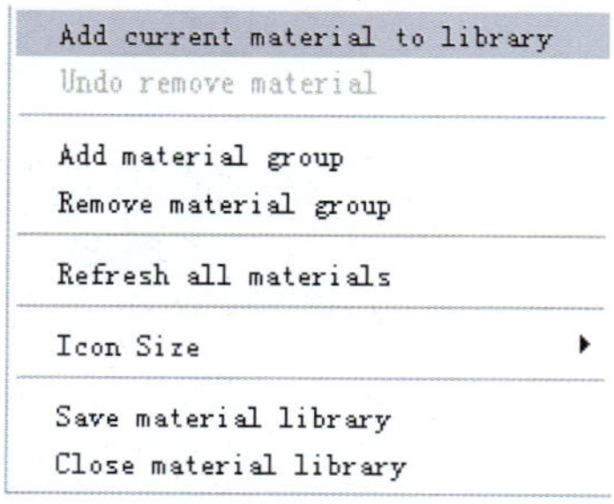

图 1-49　材质库右键菜单

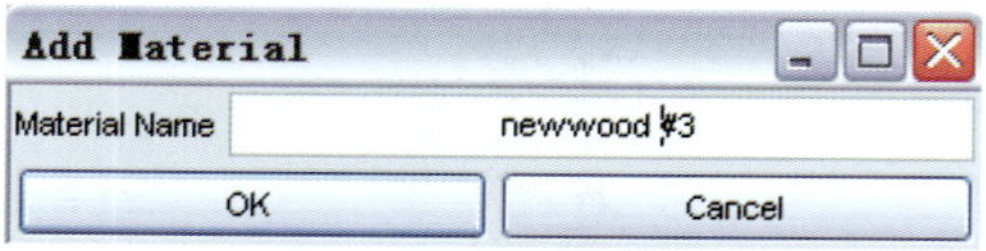

图 1-50　赋予新材质名称

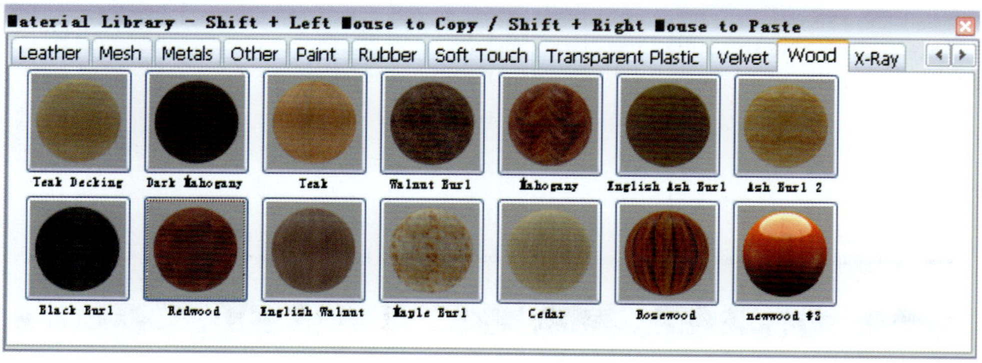

图 1-51　添加新材质

（6）单击工具，选择合适的环境反射贴图模拟环境光照（如图 1-52 所示），本例中选择了软件中自带的 StudioLighting 作为环境反射贴图。

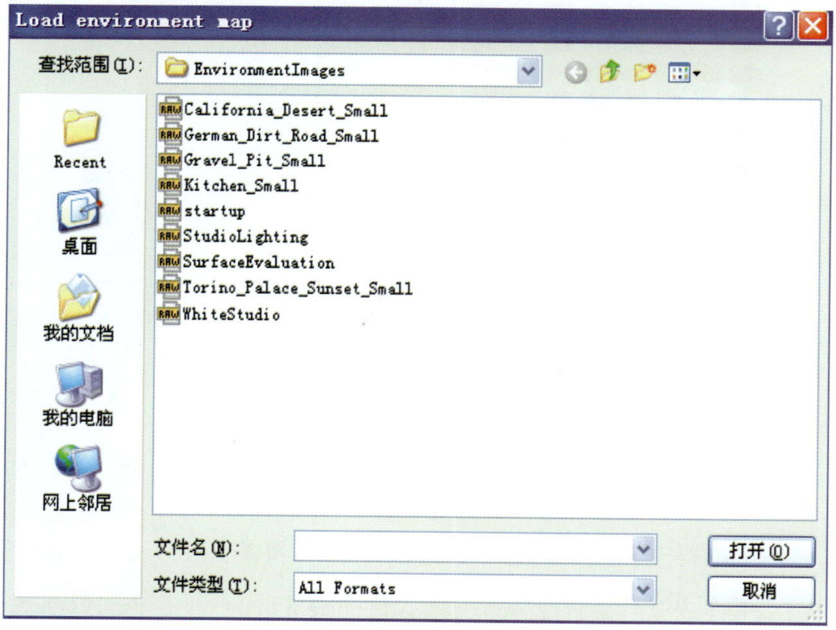

图 1-52　选择环境贴图

（7）单击空格键，呼出 Hypershot 控制面板，点击 Environment，进入环境设置界面，将 Background Color（背景色）改为白色，并将 Visible Environment（环境可见）选项中的勾去掉（如图 1-53、图 1-54 所示）。

图 1-53　模拟环境光照

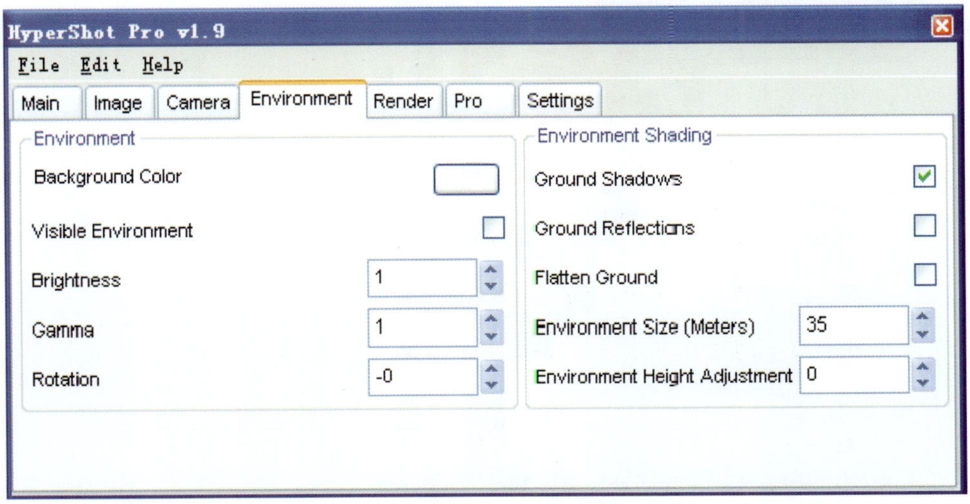

图 1-54　调整环境参数

（8）单击空格键，呼出 Hypershot 控制面板，点击 Render，进入渲染设置界面。在 Output 处更改 Width 和 Height 值确定渲染输出尺寸；在 Output Format 处选择输出格式；在 Save As 处设置存储路径；最后单击 Render Image 或图标，开始渲染（如图 1-55 所示）。

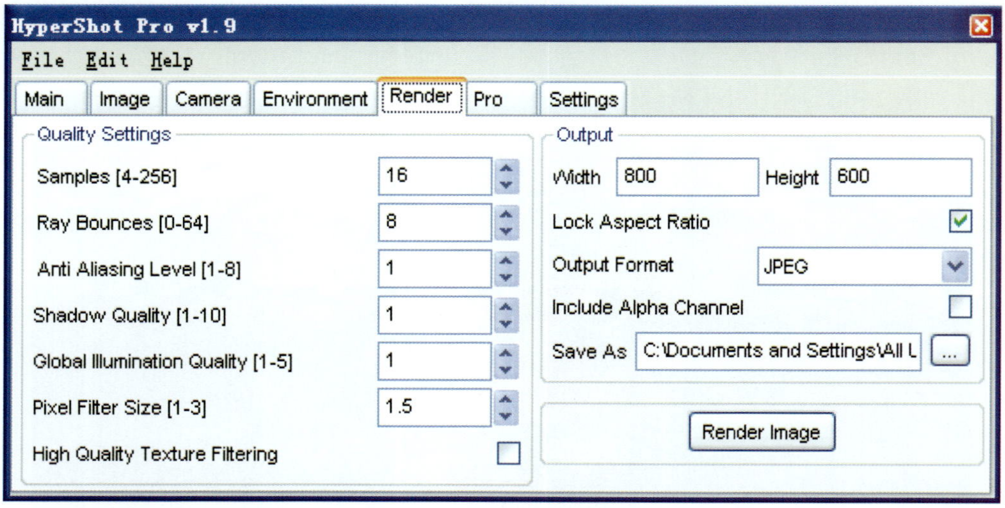

图 1-55　调整渲染参数

（9）等待渲染进度至 100%后渲染完毕，提示框中显示效果图输出路径（如图 1-56、图 1-57 所示）。

（10）最终渲染效果图如图 1-58 所示。

图 1-56　渲 染 出 图

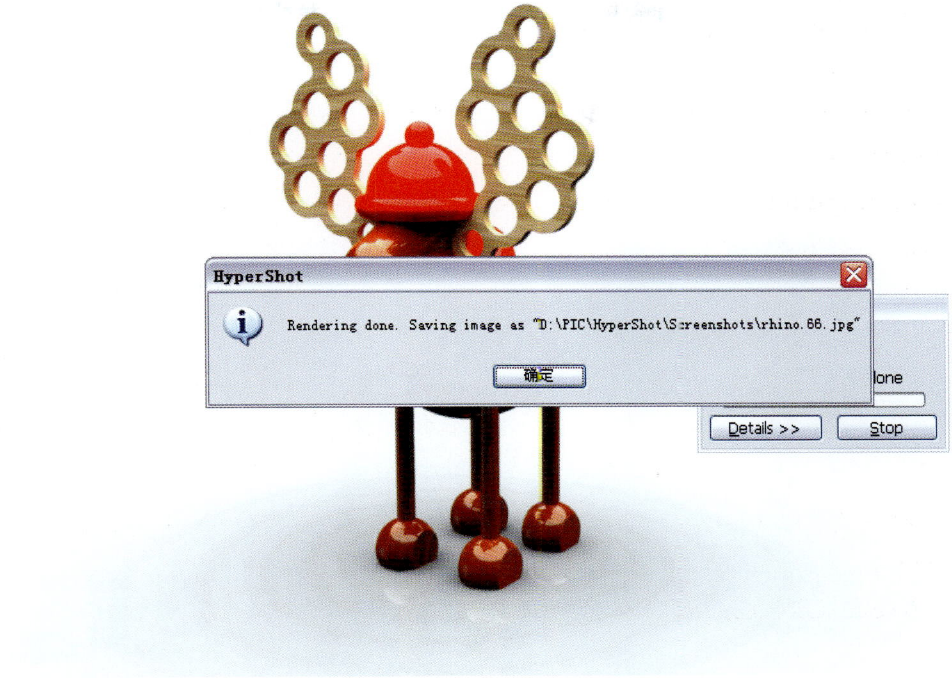

图 1-57　保存效果图

图 1-58　最终效果图

（11）可以更换背景以获得更加生动的效果（如图 1-59 所示）。

图 1-59　更 换 背 景

任务 5　静态木质玩具工程图的制作

1. 任务实施

（1）利用建立 2D 图面工具绘制 2D 工程图。

（2）利用直线尺寸标注工具标注主要零件尺寸。

2. 制作步骤

（1）依次点击编辑——选取物件——曲线，选择图中所有曲线，再单击隐藏命令，将所有曲线隐藏（如图 1-60 所示）。

（2）选中所有零件，单击建立 2D 图面工具，在 TOP 视图中建立 2D 工程图（如图 1-61 所示）。

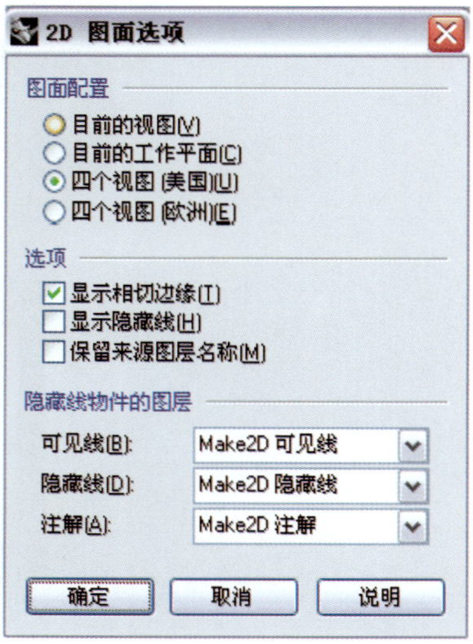

图 1-60　2D 工程图选项

图 1-61　建立 2D 工程图

（3）利用直线尺寸标注工具和半径尺寸标注二具，对产品主要尺寸进行标注（如图 1-62 所示）。

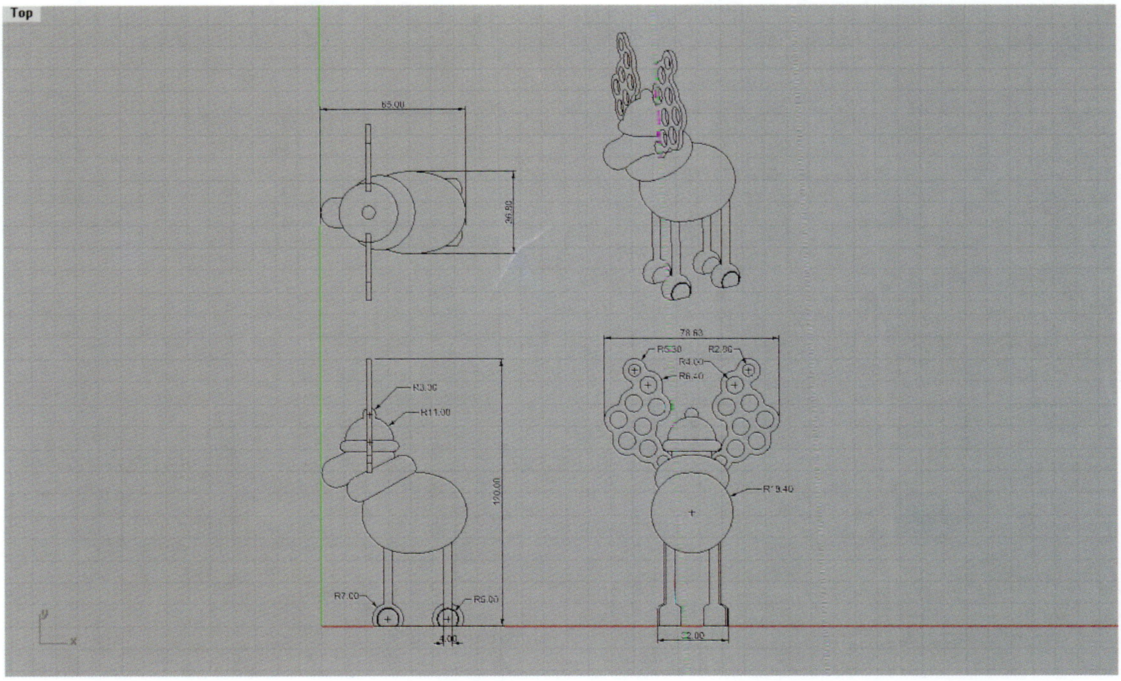

图 1-62　标注主要零件尺寸

（4）导出到二维软件中，完成制图（如图 1-63 所示）。

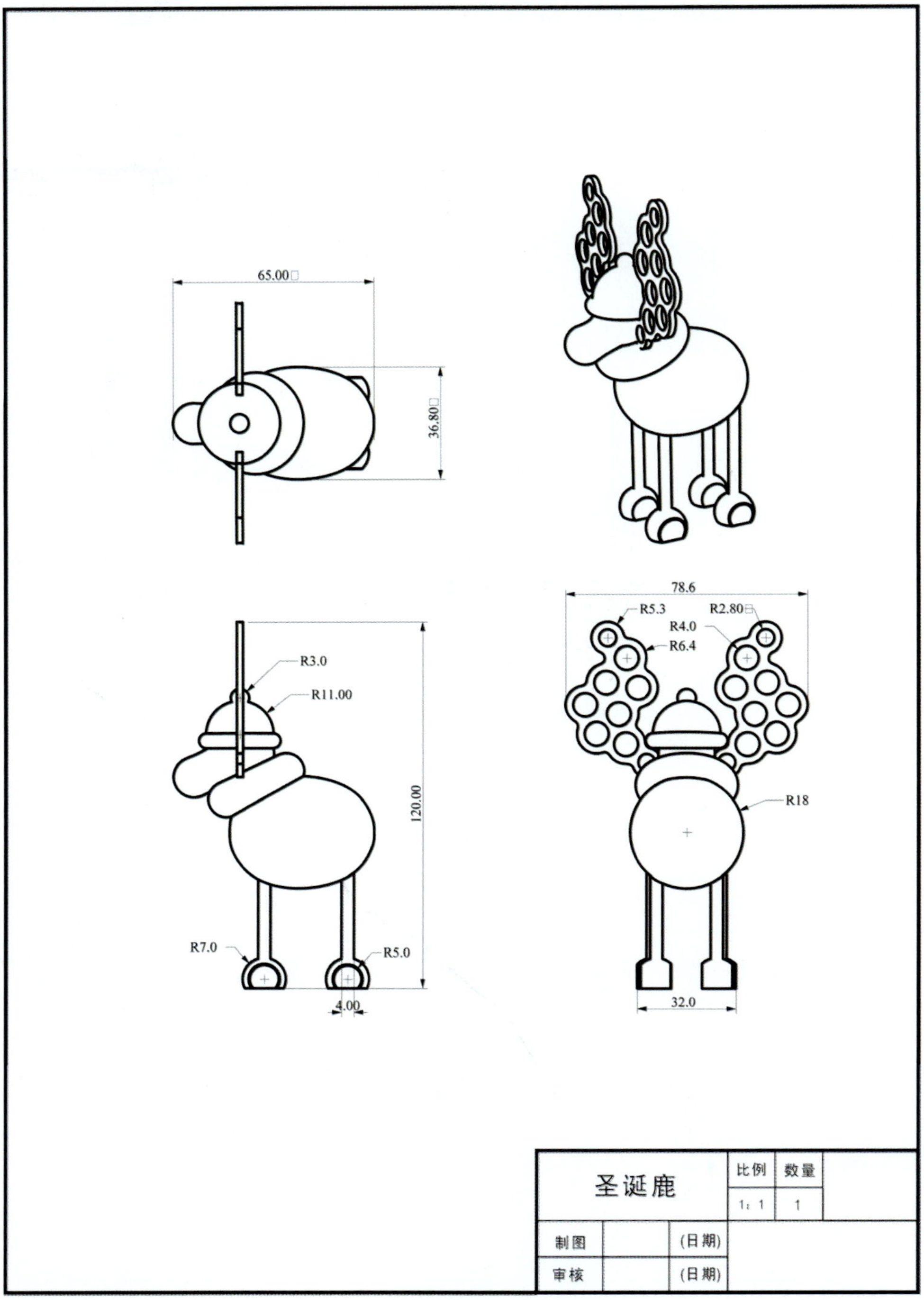

图 1-63　圣诞鹿玩具制图

（5）根据规则审核制图。视图中标注尺寸的基本要求如下：

1）正确——尺寸标注方法要符合国家标准的规定。

2）完整——尺寸必须标注齐全，既无遗漏，也不重复。

3）清晰——标注尺寸时，布置的位置要恰当，尽量标注在最明显的地方，便于读图。

4）合理——所注尺寸应能符合设计和制造、装配等工艺要求，并使加工、测量和检验方便。

【延伸阅读】

★ 各年龄段婴幼儿的特征

1．0～3 个月

此时婴儿的听觉和视觉开始集中，能短时间地注视彩色的玩具（如图 1-64 所示）。因此，应在婴儿小床上悬挂一些色彩鲜艳的玩具，悬挂高度要在婴儿头部上方 40～70cm 处（大玩具挂高至约 70cm 处）。要经常变换悬挂的位置，吸引婴儿从各个方向注视玩具，听玩具声音，闻声转头，目光追随玩具移动。经常用眼看、耳听的婴儿到了 3 个月时还会挥动手臂触摸玩具。

2．4～6 个月

此时婴儿的视线能追视活动的玩具和走动的人，对声音有定向反应，手的动作由没有目标性和方向性的伸出挥动到学会抓握悬挂的玩具（如图 1-65 所示），两手摆弄玩具，翻身取玩具。在整个醒着的时间内都会忙着看、听、抓握和伸手挥动。因此这时期应选择的玩具，不仅要色彩鲜艳、有声响，而且要便于婴儿学习抓握及不易咬坏的无毒玩具（因为这个时期的婴儿无论抓住何物都会往嘴里送，并且此时的婴儿开始出牙，又喜欢咬）。

图 1-64　0～3 个月

图 1-65　4～6 个月

3．7～9 个月

此时婴儿已经能够独坐，并学会爬，能眼手协调地用手抓物、取物、摇晃和敲打玩具，特别喜欢将玩具扔在地上，再拾起来玩（如图 1-66 所示）。7 个月时由于孩子还不懂玩具的性质，因此拿着不同的玩具都是一种玩法，如给他娃娃、铃鼓或皮球，他都是敲着玩一会儿就扔掉，以后要人拾起再玩。8 个月以后婴儿开始能分辨玩具的性质，知道娃娃抱着玩，铃鼓敲着玩，皮球滚着玩。此时期可让婴儿坐着玩或坐在床上或在婴儿专用的爬毯上爬着玩。这时期婴儿能玩的玩具很多，为了训练婴儿爬行，应选择一些可以移动的玩具，如推车玩具等来吸引婴儿爬去追球或追车。

4．10～12 个月

此时婴儿已能熟练地爬行，会站立及学走路。手的动作是已能用拇指和食指捡东西（如图 1-67 所示）。此时期为婴儿选择的玩具应该是帮助学走路的玩具，还应有训练小手指动作的玩具。

图 1-66　7～9 个月

图 1-67　10～12 个月

5．1～2 岁

到了 1 岁左右，着重训练幼儿的手脚配合，可选些组合式的玩具，如积木、砌图之类，训练手脚则可用学行车（如图 1-68 所示）。在幼儿 1 岁半时，可以选些体积较大、较复杂的积木或模型。而此时的宝宝，已开始看图书并懂得自己翻阅书籍，可以买些画册给他们，让他们自己看，可训练手指的灵活性。

图 1-68　1～2 岁

6．2～3 岁

2 岁以后，幼儿除了能随心所欲地坐、站之外，还能步行，对外在世界探索的愿望更热切，对于动感的玩具如玩具车之类，尤为喜欢（如图 1-69 所示）。此时还可以选择能让他们发挥组织力的积木，或者讲究技巧性、训练手眼配合的串珠链；更由于大肌肉的发展，可以选购球类玩具供其踢玩。此时期的幼儿，适合玩耍启发性高、能培养创造力的玩具，更要开始训练小孩的注意力，例如教他们看书、绘画等。

7．3～4 岁

到 3 岁左右，幼儿更喜欢组合性的玩具，例如拼图、积木等，也喜欢吹气玩具（如图 1-70 所示）。他们懂得把相同的物品放置一堆，所以在砌积木时，他们会砌出与图案相同的实物。手、眼，脑的协调更趋成熟。

图 1-69　2～3 岁

图 1-70　3～4 岁

【回顾反思】

1. 静态木质玩具的设计流程是怎样的？每个流程中遇到哪些问题？怎样解决的？

木质玩具的绘制流程	遇到的问题	解决问题的方法
（1）________		
（2）________		
（3）________		
（4）________		
（5）________		

2. 在绘制视图时都使用了哪些关键命令操作？

操作命令	在界面中的位置	使用方法
(1) ________		
(2) ________		
(3) ________		
(4) ________		
(5) ________		……

【课后作业】

1. 适合 2～3 岁左右幼儿的玩具有：____。

2. 木质玩具常用的木料有：____。

3. 静态木质玩具适合的儿童年龄阶段为____。

4. 根据样例，完成一个不同类型的静态木质玩具造型设计及效果图制作。

项目 2　毛绒玩具的造型设计

毛绒玩具是以毛绒及其他纺织材料为主要面料，内部填塞各种填充物而制成的玩具。毛绒玩具具有造型逼真可爱、触感柔软、不怕挤压、方便清洗、装饰性强、安全性高、适用人群广泛等特点。因此毛绒玩具作为小孩子的玩具、用于装饰房屋及作为礼物送人都是很好的选择。本项目选择了两个毛绒玩具设计实例，帮助大家由浅入深认识毛绒玩具的特征、设计流程及方法，并进一步强化三维软件的应用。

模块 1　毛绒配饰的设计

毛绒玩具作为玩具的一种，结构清晰、价格低廉、益智性强，因此具有相当广泛的用户基础。

学习目标

- 了解毛绒配饰市场需求调研方法
- 掌握毛绒配饰方案设计技巧
- 掌握 Rhino 的基本建模技巧
- 掌握 Hypershot 软件的基本渲染技巧
- 了解毛绒玩具产品说明书的编制要求

工作任务

- 毛绒配饰设计任务分析
- 毛绒配饰草图设计
- 毛绒配饰三维模型制作
- 毛绒配饰效果图制作
- 毛绒配饰产品说明书的编制

【设计师职业素养之三】

熟练的专业技能

熟练的专业技能是成为一个专业玩具设计师的必要条件。如果不能把自己的想法和创意表达出来，设计也就成了一句空谈。换一个角度说，如果设计师本人也拥有熟练的专业表达能力，他的整个团队的工作效率一定会更高。本项目通过对 Rhino 及 Hypershot 的基本操作技能的反复练习和巩固，强化设计师的软件操作能力。

本模块将依据表 2-1 展开毛绒配饰设计任务。

表 2-1　设计任务书

玩具名称	毛绒抱枕
造型要求	1. 形态不限 2. 能满足抱枕的基本功能需求 3. 造型活泼可爱 4. 适合青少年使用
规格要求	1. 以桃皮绒为主材 2. 整体尺寸控制在 40cm×40cm 左右
备　注	3 个工作日内完成提案

任务 1　毛绒配饰设计任务分析

毛绒配饰作为毛绒玩具的一种，除了具备毛绒玩具的基本娱乐功能之外还应具有一定的实用功能。常见的毛绒配饰有抱枕、显示器绒套、纸巾盒绒套等。

（1）毛绒配饰设计分析　根据设计任务书的具体要求，确定动物主题。可以人们熟知、特征鲜明、体态优美的动物作为优先选择对象。此模块选择“卡通人物表情”为创作对象。

（2）收集资料　毛绒配饰相关文字背景资料可以通过互联网、图书馆、杂志等途径获得。例如本例中毛绒玩具是玩具的一种，它是由毛绒及其他纺织材料为主要面料，内部填塞各种填充物而制成的玩具（英文名为 Plush Toy），也可以称为软性玩具（Soft Toy）、填充玩具（Stuffed Toy）。

【知识链接】

毛绒玩具的材料如何确定？

1. 根据开发的产品类型选择面料

要熟知毛绒玩具经常使用的面料的特性，用最适合的面料来表现产品才能达到最好的效果。如今市面上面料品种很多，各种材料的翻新更是层出不穷　选择最适合的面料才能锦上添花。如果设计的是婴儿产品，那么就应该选择手感柔软、不掉毛、稍有弹性的面料，可以更好地表现产品柔软、舒适、圆润的感觉；对于尺寸小、各部分表达清晰明确的产品，则适合用薄型的面料；如果是设计仿真动物的产品，那么材料要尽量贴近真实动物皮毛的感觉，包括某些部位皮毛的卷曲程度等都应尽量逼真。

2. 根据客户对面料的偏好选择面料

在选择毛绒玩具的材料前应了解客户以往开发样品时对面料的偏好，以此作为一定依据来选择面料。不同的客户对面料的选择依据都不尽相同，有的是根据不同地区消费者的喜好，有的是根据价格因素的限制，还有的是根据系列产品开发的需要。

3. 根据价格选择面料

对于市场化的毛绒玩具产品，价格因素对于一件产品的成功与否起着非常关键的作用。在面料的选择上应尽量选择价格适中的面料，一味以高档、新颖的材料来制作样品，在批量生产时会大幅增加产品成本，降低产品的竞争优势。因此，除非客户特别指定，否则不要只顾效果而使用最新最好的面料，以免造成产品成本失控。

（3）图片的收集和分类　毛绒配饰的图片资料可以通过调研家居市场、走访特定人群以及互联网等获得。将收集到的毛绒配饰相关资料填入表 2-2，并完成其他调研项目。

收集适量的相关图片后，填写表 2-2。

表 2-2　图片分析报告书

图片序号	类型/名称	色　彩	使用环境	消费人群	设计特点
1					
2					
3					
4					
5					
6					

（续）

图片序号	类型/名称	色彩	使用环境	消费人群	设计特点
7					
8					
9					
10					
11					
……					
审核：			制订：		

由表 2-2 进行趋势分析，并写出如表 2-3 的分析总结。

例：

表 2-3　趋势分析总结

图片序号	类型/名称	色彩	使用环境	消费人群	设计特点
1	抱枕	中国红+黑	具有传统中式风格的起居室	中老年人群	中国传统风格，色彩鲜艳，充满节庆气氛

任务 2　毛绒配饰方案的设计

1. 任务准备

任务实施前应准备卡纸、绘图笔、圆规、直尺等绘图工具。

2. 任务实施

（1）毛绒配饰造型方案的设计　毛绒抱枕造型设计中应考虑到其用于倚靠的实际功能，在造型的把握上不能过于复杂，以比较圆润的形态为佳。常见的抱枕形态有方形、圆形、椭圆形和异形等（如图 2-1 所示）。

图 2-1　造 型 方 案

（2）毛绒配饰表情方案的设计　本案中的抱枕设计以卡通形象出现，可抓住卡通形象的某个特征加以放大和夸张（如图 2-2 所示）。

（3）毛绒配饰纹样方案设计　毛绒抱枕的纹案设计可以使设计更加饱满，也可以增添生活气息。卡通形象的配套纹样应比较活泼，有跳跃性（如图 2-3 所示）。

图 2-2　表 情 方 案

图 2-3　纹 样 方 案

（4）毛绒配饰综合方案的设计　通过将上述方案排列组合，得到多种毛绒配饰综合设计方案，可在方案中选取优秀方案加以深入设计（如图 2-4 所示）。

图 2-4　综 合 方 案

任务 3　毛绒配饰三维模型的制作

1. 任务实施

（1）测量零件主要尺寸。

（2）在三维软件中确定尺寸及工作平面。

（3）利用直线及曲线绘制工具绘制零件轮廓线。

（4）使用沿路径旋转工具将轮廓线沿路径旋转成为曲面。

（5）绘制毛绒抱枕上的装饰图案。

（6）使用移动、旋转、复制等工具完成毛绒抱枕的位置摆放。

2. 制作步骤

（1）双击图标，进入 Rhino 界面。

（2）在弹出的启动模板中选择建模尺度的基本单位。这里设置为 cm，如图 2-5 所示。

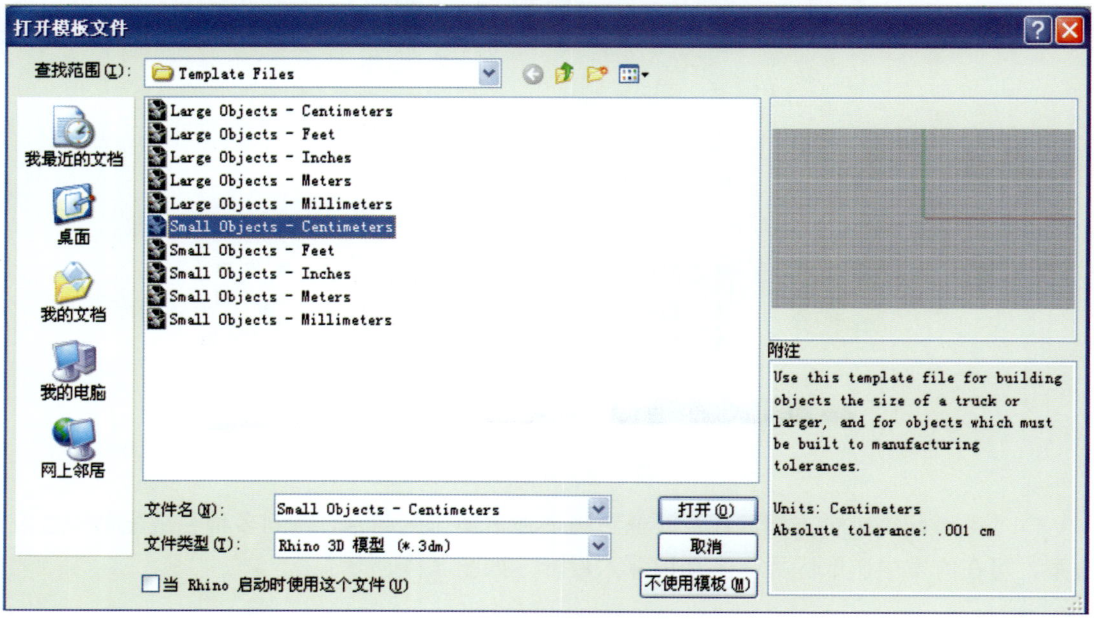

图 2-5　设置建模尺度的基本单位

（3）单击 Rhino 界面内的图标，对图层进行设置（如图 2-6 所示）。在不同的图层上绘制模型的零件，对于建模过程中的对象管理和后期渲染都有很大帮助。

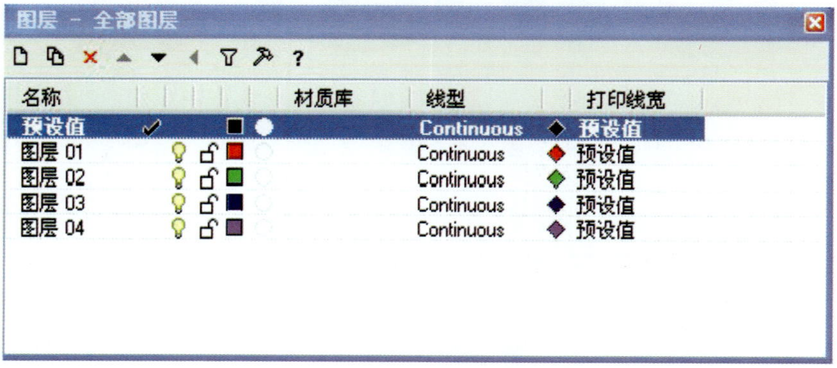

图 2-6　图层的设置

（4）单击图标，以原点为中心在 Top 视图中绘制一个 40cm×40cm 的矩形。选中矩形后点击鼠标中键，选择将矩形锁定，确定模型尺寸（如图 2-7 所示）。

（5）单击图标，在矩形框内绘制一个椭圆（如图 2-8 所示）。

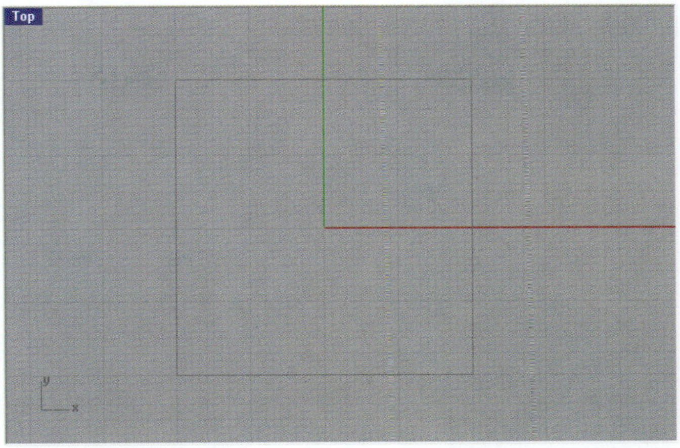

图 2-7　确定模型尺寸

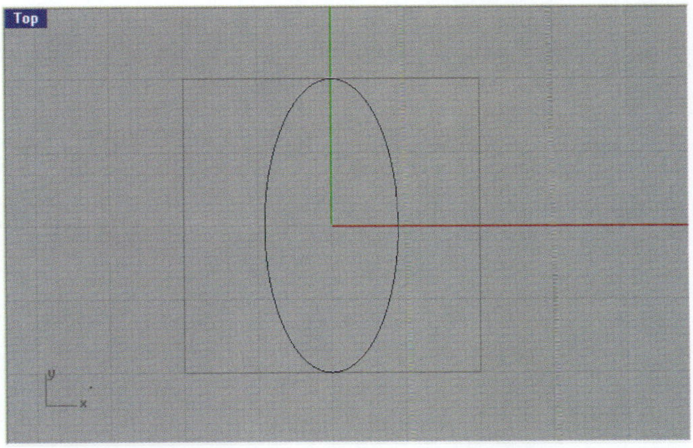

图 2-8　绘制零件大形

（6）沿 *X* 轴方向绘制一条贯穿椭圆的直线 ❶，点击修剪工具，依次选择直线❶和椭圆，将椭圆修剪成一段圆弧（如图 2-9 所示）。

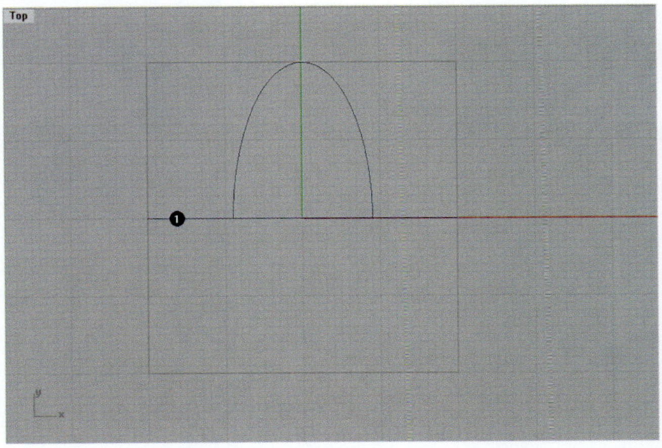

图 2-9　调整曲线控制点

（7）单击中的环形阵列工具，选中圆弧，以原点为环形阵列中心点，在命令行中输入（项目数=5），（旋转角度=360°）绘制零件接口（如图 2-10 所示）。

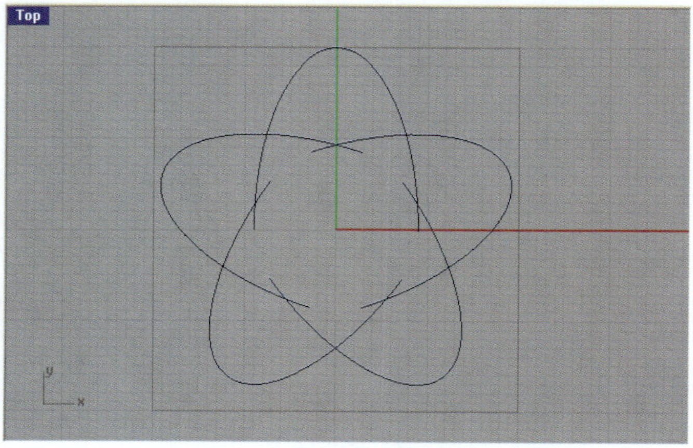

图 2-10　绘制零件接口

（8）单击曲线圆角工具，曲线，以适当的圆角半径将相邻曲线生成曲线圆角，完成接口绘制（如图 2-11 所示）。

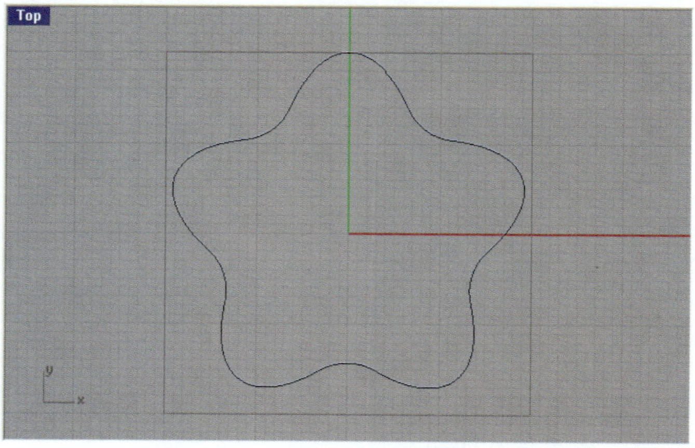

图 2-11　完成接口绘制

（9）在 Right 视图中单击图标，分别以 *X* 轴上轨迹曲线的端点和 *Y* 轴为起点和终点绘制轮廓曲线（如图 2-12 所示）。

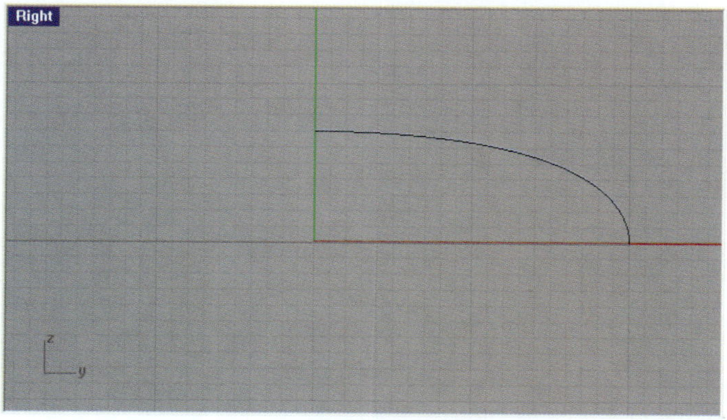

图 2-12　将曲线拉伸成实体

（10）用鼠标右键单击中的沿路径旋转命令，分别选取轮廓曲线和路径曲线，再从 Y 轴上选取两点为旋转轴的起点和终点，单击右键完成沿路径旋转成形（如图 2-13 所示）。

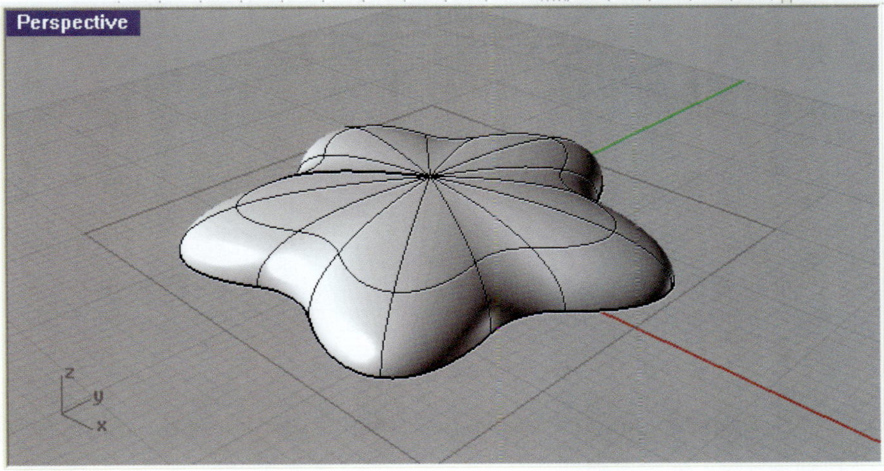

图 2-13　沿路径旋转成形

【知识链接】

旋转成形与沿路径旋转的区别

当把鼠标移动到上时，如果提示"用鼠标左键单击该图标"，则为旋转成形命令；而"用鼠标右键单击"则是沿路径旋转命令。以下用两个实例来区别这两个命令。

实例 1：选取图 2-14 中曲线❶作为旋转成形命令的轮廓线，沿 Z 轴旋转，得到如图 2-15 所示图形。

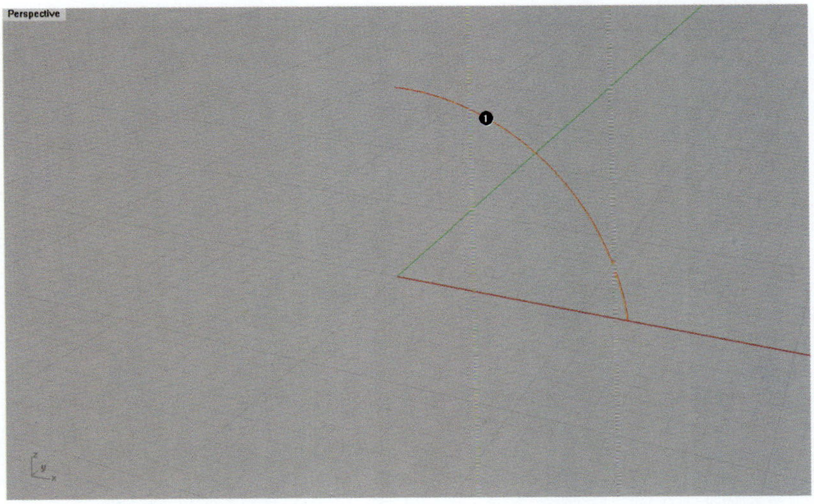

图 2-14　旋转成形所用线型

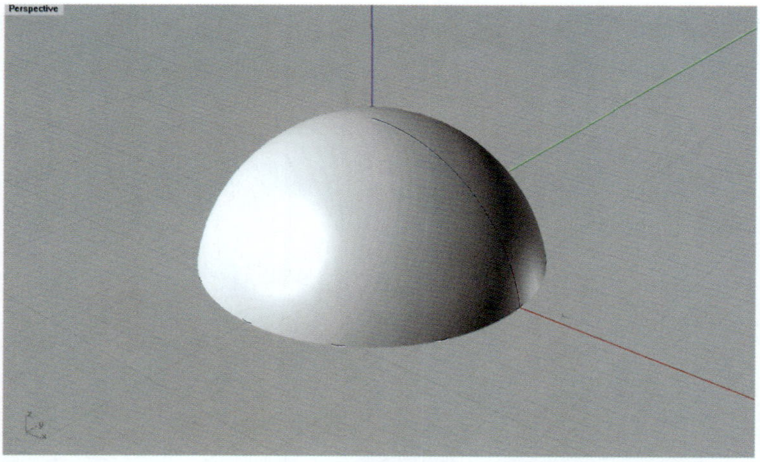

图 2-15　旋 转 成 形

实例 2：选取图 2-16 所示的曲线❶作为沿路径旋转命令的轮廓线，曲线❷作为路径，沿 *Z* 轴旋转，得到如图 2-17 所示图形。

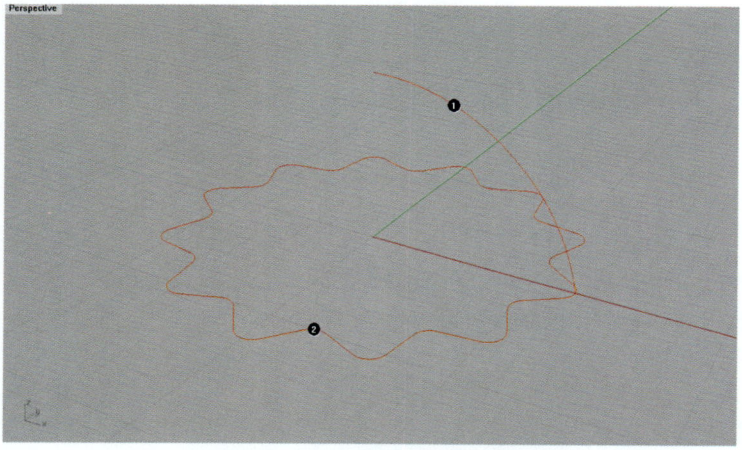

图 2-16　沿路径旋转所用线型

图 2-17　沿路径旋转

（11）单击加盖工具图标，将上一步的曲面转化为实体。点击倒角工具图标，选择实体的轮廓线倒角（如图 2-18 所示）。

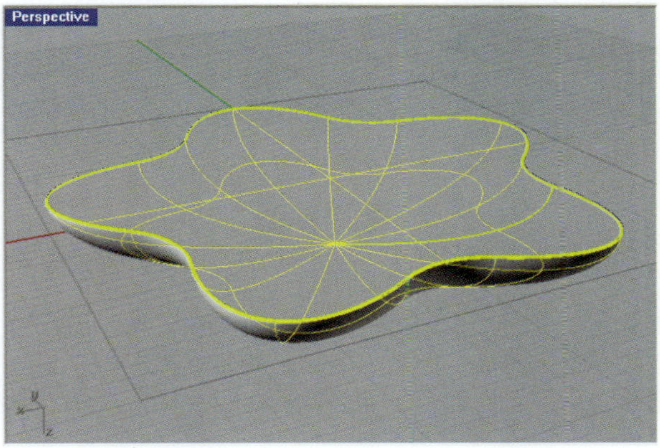

图 2-18　轮廓线倒角

（12）单击镜像命令图标，选择实体在 Front 视图中以 *X* 轴作镜像图（如图 2-19 所示）。

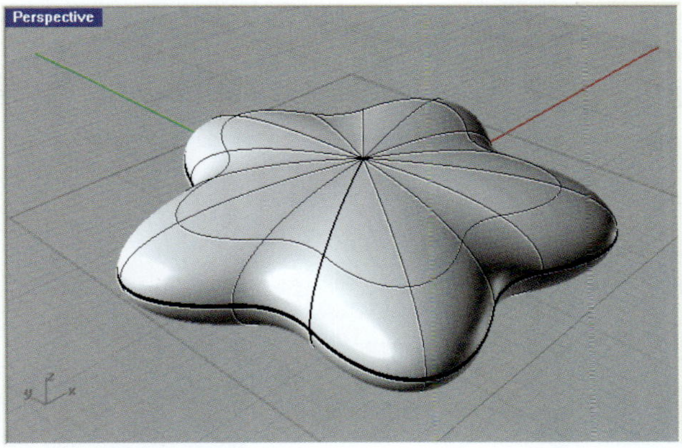

图 2-19　以 *X* 轴作镜像图

（13）单击图标，在 Top 视图中绘制毛绒配饰轮廓曲线（如图 2-20 所示）。

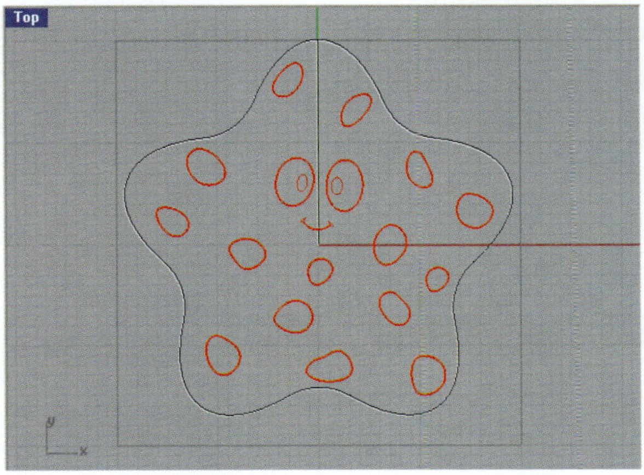

图 2-20　轮廓曲线图

（14）使用投影工具图标、分割工具图标命令，将毛绒抱枕整体用不同图层加以区分（如图 2-21 所示）。

图 2-21　区分不同图层

（15）按上述方法制作另一个不同纹样的毛绒抱枕，通过移动、旋转等工具图标摆放成合适的位置（如图 2-22 所示）。

图 2-22　摆放到合适的位置

任务 4　毛绒配饰效果图的渲染

1. 任务实施

（1）导入模型，给毛绒配饰赋予材质。

（2）调整环境和背景。

（3）渲染出图。

2. 制作步骤

（1）在 Rhino 菜单栏中单击“渲染”→目前的渲染器，激活 HyperShot 渲染插件。

（2）单击图标，打开 HyperShot 插件（如图 2-23 所示）。

（3）单击图标，打开默认材质库，单击 Leather 项，展开皮革材质库（如图 2-24 所示）。

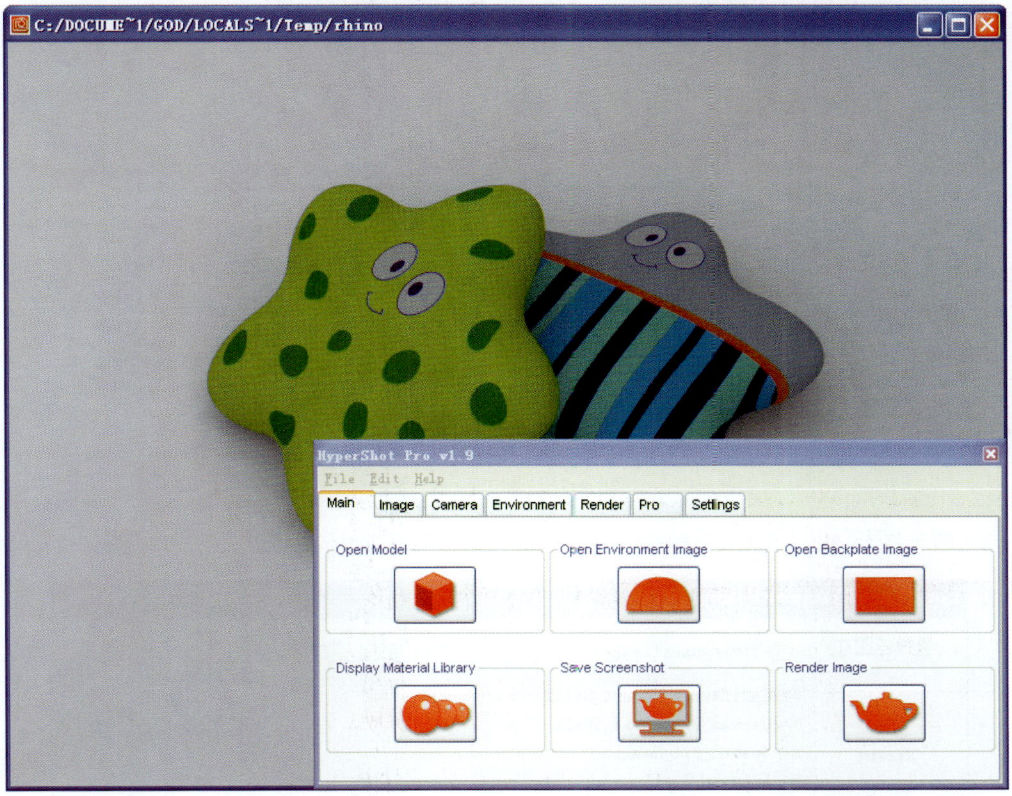

图 2-23　导 入 模 型

图 2-24　打开材质库

（4）按住键盘上的 Shift 键不放，用鼠标左键单击材质球，再将光标移动到相应的零件上单击鼠标右键赋予零件材质（如图 2-25 所示）。

图 2-25　赋 予 材 质

（5）单击图标，选择合适的环境反射贴图，模拟光照环境（如图 2-26、图 2-27 所示）。

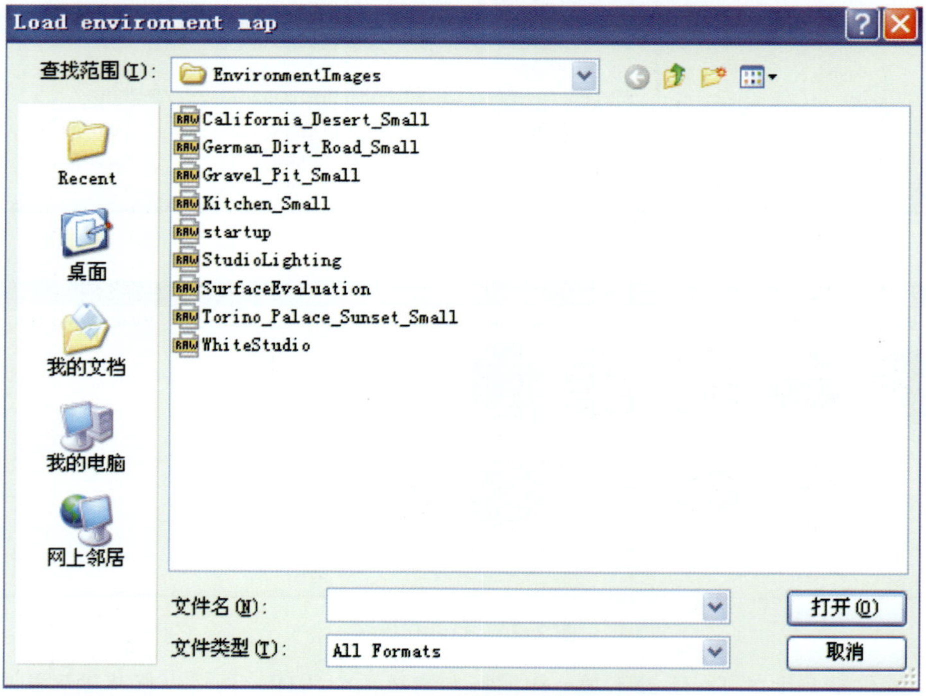

图 2-26　选择环境反射贴图

图 2-27　模拟光照环境

（6）单击图标，选择合适的背景图片，放置在场景中（如图 2-28、图 2-29 所示）。

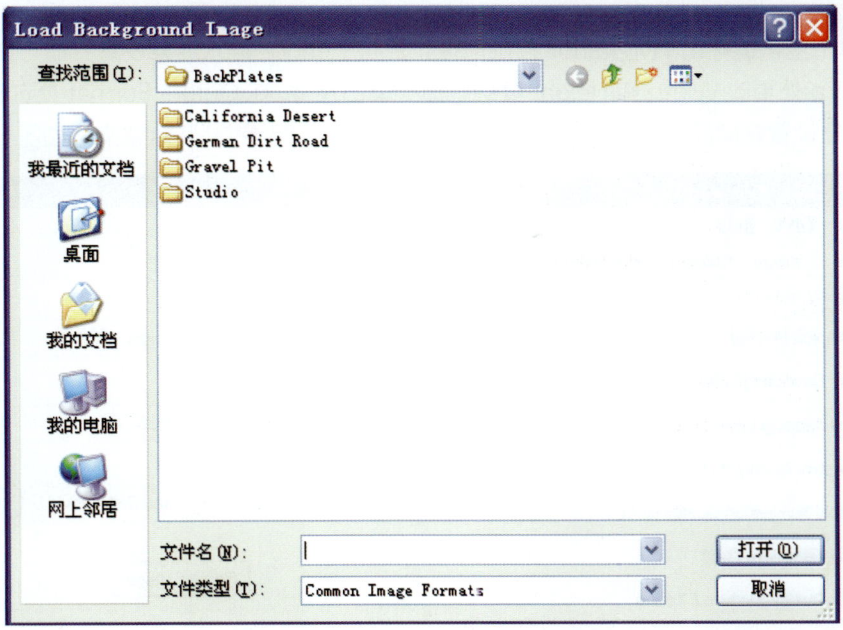

图 2-28　选择背景图片

图 2-29　调整背景图片

【小技巧】

给产品增加丰富的背景图片

当软件自带的背景图片缺乏表现力的时候，可以通过网络等途径补充丰富的背景素材资源。将准备好的 JPG 图片格式文件复制，依序点击开始—所有程序—Bunkspeed—Hypershot—Content—BackPlates，粘贴到该文件夹中。这样就可以方便快捷地选择新的图片作为背景素材了。

（7）单击空格键呼出 Hypershot 控制面板，点击 Render 进入渲染设置界面（如图 2-30 所示）。在 Output 处更改 Width 和 Height 值确定渲染输出尺寸。在 Output Format 处选择输出格式。在 Save As 处设置存储路径。最后单击 Render Image 或图标，开始渲染（如图 2-31 所示）。

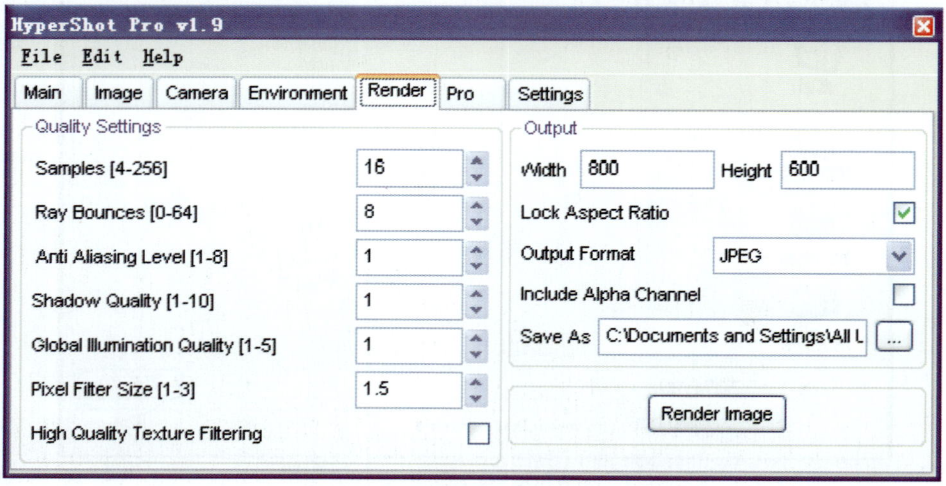

图 2-30　调整渲染参数

图 2-31　渲 染 出 图

（8）等待渲染进度至 100%后渲染完毕，提示框中显示效果图输出路径（如图 2-32 所示）。

（9）保存最终渲染效果图（如图 2-33 所示）。

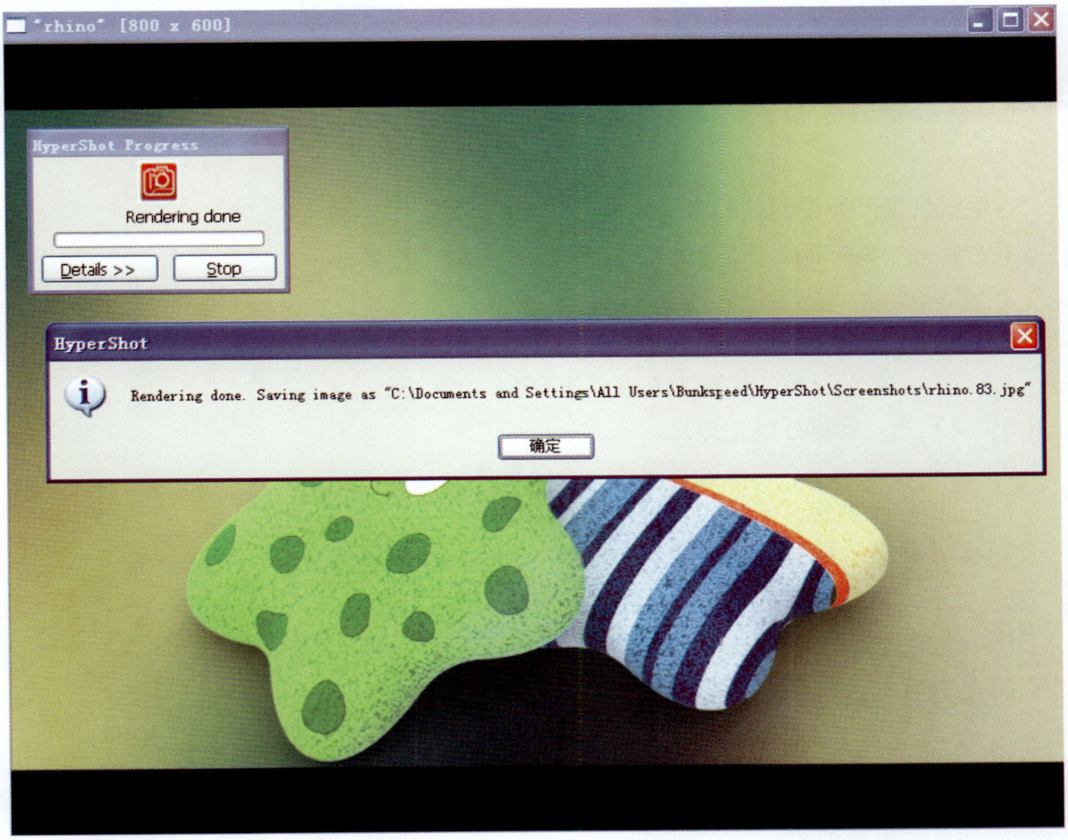

图 2-32　保存效果图输出路径

图 2-33　保存效果图

任务 5　毛绒配饰产品说明书的编制

1. 毛绒配饰产品说明书的编写内容

（1）品名：填充玩具（或者写明产品的名称，如“抱垫”）。

（2）执行标准：GB 6675—2003。

（3）等级：一级（或者其他等级）。

（4）面料：聚酯纤维 100%（人造丝涤 65%，棉 35%）。

（5）填充物：聚酯纤维 100%。

（6）洗涤方法：温水手洗或者机洗。不得氯洗。

（7）产地：生产地区。

（8）生产单位：制造单位的详细名称。

（9）公司地址：公司的详细地址（需加邮政编码）。

（10）电话：公司的详细电话（需加区号；出口产品需加国家或地区代号）。

2. 安全警示说明书的编写内容

（1）为了减少玩具使用时固有的危险，要给玩具加上适当的且易懂的警告，对那些不能让三岁以下儿童玩的玩具，要特别加以警示，如标注“不适于 36 个月以下儿童”或者与警告一起再加一个简单说明。

（2）警示牌内容举例如下。

1）中文警示牌举例

注意：本产品适合 3 岁及以上儿童，使用前请及时将包装袋收好，避免儿童玩耍时引起窒息；同时把不属于玩具的附属物取下。

2）英文警示牌举例

Warning:

Not suitable for children under 3 years old.

All plastic and small parts maybe hazardous to children.

Please remove this handtag and all attachments before giving the toy to a child.

【延伸阅读】

★世界知名玩具品牌

1. 德国仙宝（SIMBA）

仙宝公司 1952 年成立于德国，其理念是每一件玩具带给孩子的不仅是乐趣。SIMBA 拥有欧洲最大、最先进的生产基地，它和奔驰、宝马一样是德国人的骄傲。仙宝在中国香港和德国 FURTH 有两个先进的玩具研发中心，所有玩具产品均有欧洲权威认证，多款玩具获得国际玩具奖项。多米诺骨牌、呼啦圈、悠悠球、大积木是仙宝的“四大发明”。图 2-34 所示为仙宝玩具广告。

2. 日本万代（Bandai）

万代公司是日本最大的玩具制造商，也是世界最大的玩具企业之一，其历史可追溯到 1950 年。万代品牌在动画、漫画、玩具领域有极大的优势并拥有大量肖像权，包括机动战士高达（Gundam）、圣斗士、蒙面超人、咸蛋超人、美少女战士、数码暴龙（Digimon）等数百个著名动画形象。图 2-35 所示为日本万代玩具。

图 2-34　德国仙宝（SIMBA）玩具广告

图 2-35　日本万代（Bandai）玩具

3．瑞典维京（Vikingtoys）

维京公司成立迄今已 30 年，其经营理念是让宝宝在动手中促进大脑发育，在玩乐时认识身边的世界。始终坚持用柔软、可塑式塑料制作最高品质的玩具，风格简约、时尚，质量优异。图 2-36 所示为瑞典维京玩具。

图 2-36　瑞典维京（Vikingtoys）玩具

4．意大利启迪（Quercetti）

启迪公司拥有 50 多年的开发、设计和生产益智玩具的丰富经验。Quercetti（启迪）不止是意大利著名的益智玩具品牌，更是国际益智玩具的先驱，为了维持高质量，她一直坚持在意大利生产然后出口到全世界，图 2-37 所示为意大利启迪公司玩具。

5．加拿大美家宝（MegaBrands）

美家宝是国际著名玩具品牌，所提供的产品包括婴儿玩具、恐龙蛋系列、加勒比海盗系列、蜘蛛侠系列、激充机器人、磁力战士、工程车系列等，注重设计和开发，质量上乘。图 2-38 所示为加拿大美家宝玩具。

图 2-37　意大利启迪（Quercetti）玩具

图 2-38　加拿大美家宝（MegaBrands）玩具

6．美国费雪牌（FisherPrice）

全球第一玩具品牌 FisherPrice 来自美国，至今已有 74 年历史。FisherPrice 在提供高品质、适龄的产品的同时，极为重视玩具游戏的价值、益处、对儿童发展、安全性及如何引导父母亲适时使用产品。图 2-39 所示为美国费雪牌玩具。

7．美国孩之宝（Hasbro）

全球第二大玩具生产商，有不少著名的游戏，例如大富翁、变形金刚、龙与地下城等。因为他们拥有资深的设计专家，所以该公司的产品在国际上得奖无数！他们根据各个阶段幼儿不同的特点及能力训练需求，设计出了适合各个阶段的宝宝的玩具。图 2-40 所示为美国孩之宝玩具。

图 2-39　美国费雪牌（FisherPrice）玩具

图 2-40　美国孩之宝（Hasbro）玩具

8．丹麦乐高（LEGO）

乐高是丹麦出品的国际知名积木玩具品牌，由五彩的塑料积木、迷你小人和齿轮等不同机械零件，组成各种物体。乐高积木按照单位元件由小到大可分为四个系列：baby，quatro，duplo 和标准 lego，分别对应于 1～18 个月，2～3 岁，2～6 岁和 6 岁以上的四个年龄段的儿童。图 2-41 所示为丹麦乐高玩具。

9．德国礼祺（NICI）

世界十大毛绒玩具品牌之一，手感柔软，外观别致。NICI 的每个动物形象都有自己鲜明的个性：双鱼座的老虎，温文的外貌下是一颗多愁善感的心，创意十足又总是忘东忘西；拥有一头橘色鬃毛的帅气狮子，既迷人又充满自信，只要热闹的地方就看得见 Lion Heart；充满罗曼蒂克情怀的长颈鹿妹妹，个性平易随和，擅长占星术和植物学，总是愿意和大家分享她喜爱的星星和新发现的好吃植物……。图 2-42 所示为德国 NICI 玩具。

图 2-41　丹麦乐高（LEGO）玩具

图 2-42　德国（NICI）玩具

10．法国智比（Smoby）

智比公司创建于 1924 年，致力于为 0～12 岁儿童设计、生产玩具。其玩具有十几个大系列，分别根据年龄、性别、功能、室内室外、版权、情景等分类，每一个单品、每一个部件都遵循“陪伴儿童成长并提高开发其智力和安全环保”的理念。图 2-43 所示为法国智比玩具。

11．法国领航员（Majorette）

领航员公司是 1924 年成立于法国的著名的玩具生产及销售商，也是欧洲和全球玩具行业排名前茅的国际集团公司，至今已有 80 多年的历史。专业致力于自出生到 10 岁孩子玩具的研发、生产和销售，所有生产的玩具均由法国设计师设计。图 2-44 所示为法国领航员玩具。

12．美国 Sassy

Sassy 是美国专门为 0～3 岁的婴幼儿启发智能、设计玩具的专业公司。最值得称许的是 Sassy 在制作玩具时的严谨性是许多玩具厂商所不及的，其所有商品都采用可以食用的色彩颜料。图 2-45 所示为美国 Sassy 玩具。

图 2-43　法国智比（Smoby）玩具

图 2-44　法国领航员（Majorette）玩具

图 2-45　美国 Sassy 玩具

【回顾反思】

1. 毛线配饰的设计流程是怎样的？每个流程中遇到哪些问题？怎样解决的？

毛线配饰的设计流程	遇到的问题	解决问题的方法
（1）________		
（2）________		
（3）________		
（4）________		
（5）________		

2. 在进行绘制时都使用了哪些关键命令操作？

操 作 命 令	在界面中的位置	使 用 方 法
（1）________		
（2）________		
（3）________		
（4）________		
（5）________	……	……

【课后作业】

1. 常见的毛绒配饰包括：________________。
2. 常用的毛绒配饰主料有：________________。
3. 分组收集市场上不同类别的毛绒配饰产品，撰写调研报告。

模块 2　毛绒公仔的设计

毛绒公仔是泛指模仿人或动物造型的玩偶，形若人类的称为人偶、人形；取自动物的则通称为玩偶。毛绒公仔的外形面貌从抽象到拟真，涵盖不同种族、年龄、性别的外形；各国各种族都因为各自的需求与文化背景而发展出拥有地域特性及文化特色的公仔。

学习目标

- 了解毛绒公仔市场需求的调研方法
- 掌握毛绒公仔方案设计技巧
- 掌握 Rhino 的基本建模技巧
- 掌握 Hypershot 软件的基本渲染技巧
- 了解毛绒公仔的色彩识别

工作任务

- 毛绒公仔设计任务分析
- 毛绒公仔草图设计
- 毛绒公仔三维模型制作
- 毛绒公仔效果图制作
- 毛绒公仔色彩识别示意图制作

【设计师职业素养之四】

有建设性的沟通能力

沟通能力对于玩具设计师是十分必要并且于当代社会愈显重要的能力，它包括领悟客户需求的能力和向客户推销产品的能力。只有定位准确、方向明确的指导思想，才能设计出令人满意的玩具。当设计方案已被提出时，就涉及产品设计师向客户推销产品能力的运用。因为毕竟很多时候设计师的思路和创意是超前于市场和客户的。从另一个角度说，客户以及普通大众的审美能力往往是不及设计师的，况且在设计实务中存在设计招标和方案选择等实际情况，所以，设计师也很有必要把自己的理念和想法准确地传达给客户，并提出有建设性的建议，说服其理解并最终采纳自己的方案。本项目可通过分组设计毛绒公仔及其家庭，提高团队合作及设计师之间的交流沟通能力。

本模块将依据表 2-4 展开毛绒公仔设计任务。

表 2-4　设计任务书

玩具名称	毛绒公仔
造型要求	1. 消费者群体为 12～20 岁的青少年 2. 主题、风格、材料、辅料等不限 3. 造型可适当夸张
规格要求	不限
备　注	3 个工作日内完成提案

任务1　毛绒公仔设计的市场调研

任务实施

根据设计任务书的具体要求，调研12～20岁的青少年消费者的特征及其需求。

（1）消费者特征分析　青少年是玩具消费的主要群体。这个年龄阶段的女生对装饰型玩具需求强烈，她们喜欢在书包上挂些不同材质的装饰型玩具，居室内也要摆满人物、动物、卡通造型等丰富的玩具。在这些装饰类玩具中，又以毛绒公仔类的玩具最为常见。但是市场上的“洋公仔”大行其道，到处都充斥着黄头发、蓝眼睛的洋囡囡面孔（如图2-46所示）；而那些只要有卡通形象就畅销的各类产品，使用的也是清一色国外卡通形象，如日本的Hello Kitty、美国的米老鼠、欧美的芭比娃娃以及麦当劳促销活动中当红的小狗Snoopy……，而像喜羊羊与灰太狼这样的本国的卡通明星却少之又少。

（2）消费者需求分析　青少年消费者的性格特征已经基本形成，具有了一定的价值取向；他们对毛绒玩具款式追求更多的个性；青少年对于时尚和潮流又有较强的从众心理。因此他们对玩具的需求主要表现在以下几个方面。

1）外观　流行的卡通形象深受青少年的喜爱，网络上盛行的一些特殊的形象和符号对他们也有相当大的号召力（如图2-47所示）。

图2-46　市场上常见的洋公仔

图2-47　适度夸张的公仔形象

2）色彩　青少年对外界事物缺乏自己的主观见解和判断能力，受周围环境影响比较大，他们是潮流的忠实追求者，大多喜爱流行的颜色（如图2-48所示）。所以对于玩具设计师来讲，流行色永远是青少年玩具的第一选择。

3）材料　青少年活泼好动，毛绒玩具的材料选择应充分考虑到其安全性。如要考虑材料的断裂强度、延伸性、刚度、弹性等综合因素。面料还要有一定的阻燃性，符合安全标准要求；要符合卫生标准，不易发霉、虫蛀；长毛绒面料要有一定的抗拉强度，以防因被儿童拉扯而拽断；面料、染料要无毒（如图 2-49 所示）。

图 2-48　鲜艳的色彩搭配

图 2-49　材料选择上应充分考虑安全性

4）结构　在结构上除了要保证结实耐用之外，设计要尽可能巧妙和新颖（如图 2-50 所示）。

图 2-50　结构巧妙和新颖

5）功能　毛绒面料具有一定的保暖性，再搭配小动物的可爱外形，使得一些实用型的小配件突破了毛绒玩具的概念，向服饰领域发展。

（3）制作毛绒公仔调研报告 PPT

1）收集市场上公仔的照片并加以归类。

2）分析公仔的造型、色彩和材料等要素。
3）调研消费者的基本特征。
4）调研消费者的需求。
5）结论。

任务 2　毛绒公仔方案的设计

1. 任务实施

（1）测量零件主要尺寸。
（2）在三维软件中确定尺寸及工作平面。
（3）利用直线及曲线绘制工具绘制零件轮廓线。
（4）使用沿路径旋转工具将轮廓线沿路径旋转成为曲面。
（5）绘制毛绒公仔上的装饰图案。
（6）使用移动、旋转、复制等工具完成毛绒公仔的位置布局。

2. 制作步骤

（1）双击图标，进入 Rhino 界面。
（2）在弹出的启动模板中选择建模尺度的基本单位。这里设置为 cm，如图 2-51 所示。

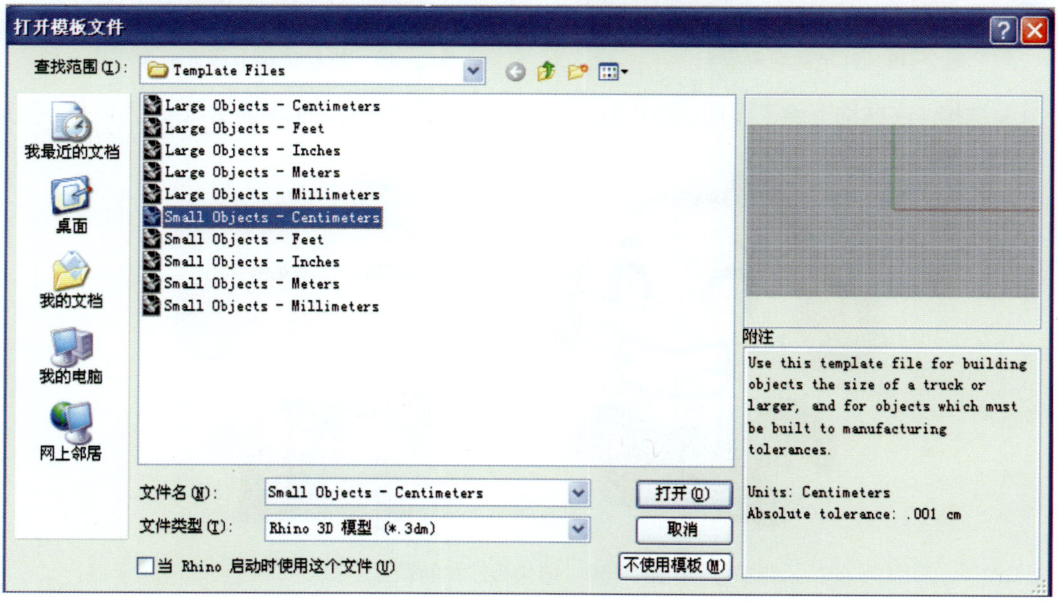

图 2-51　设置建模尺度的基本单位

（3）单击 Rhino 界面内的图标，对图层进行设置（如图 2-52 所示）。在不同的图层上绘制模型的零件对于建模过程中的对象管理和后期渲染都有很大帮助。

（4）单击图标，以原点为中心在 Top 视图中绘制一个 40cm×50cm 的矩形。选中矩形后点击鼠标中键，选择图标将矩形锁定，确定模型尺寸（如图 2-53 所示）。

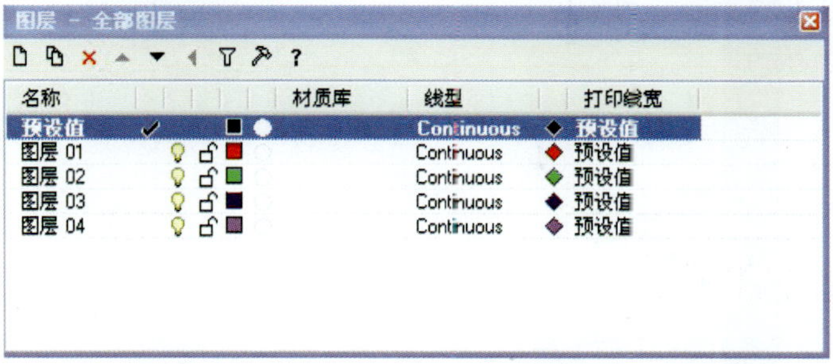

图 2-52　图层的设置

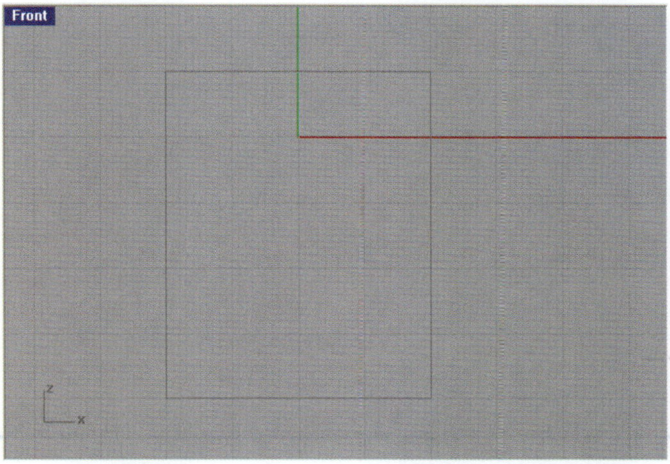

图 2-53　确定模型尺寸

（5）单击图标，在矩形框内绘制一个椭球体作为毛绒公仔头部雏形（如图 2-54 所示）。

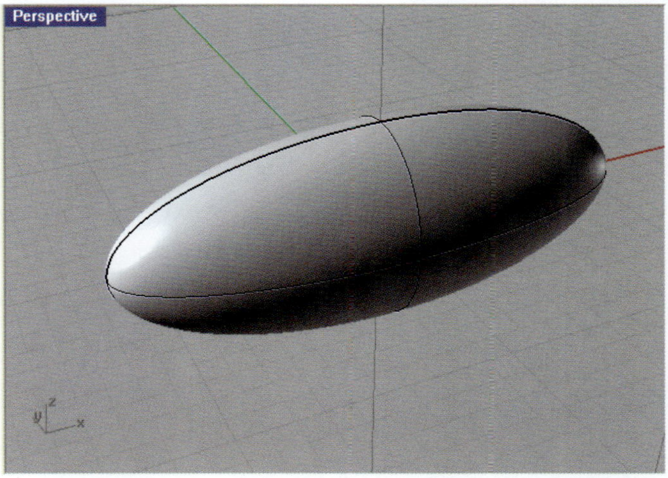

图 2-54　绘制头部雏形

（6）选中椭球体，点击中的重建曲面工具，弹出对话窗口，设置相应的点数（如图 2-55 所示）。

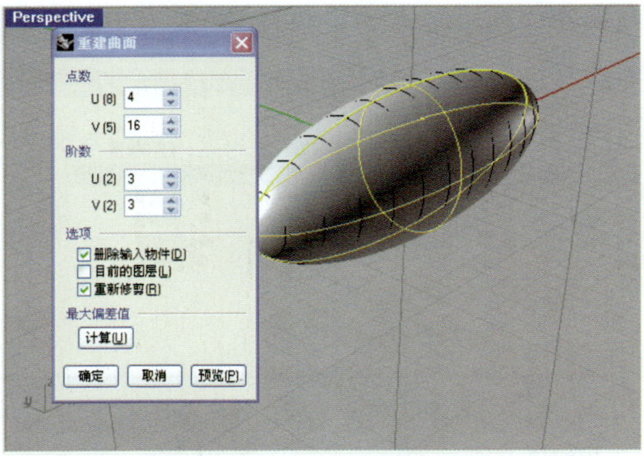

图 2-55　调整曲线控制点

（7）选择椭球体，单击开启控制点工具，打开椭球体的控制点（如图 2-56 所示）。

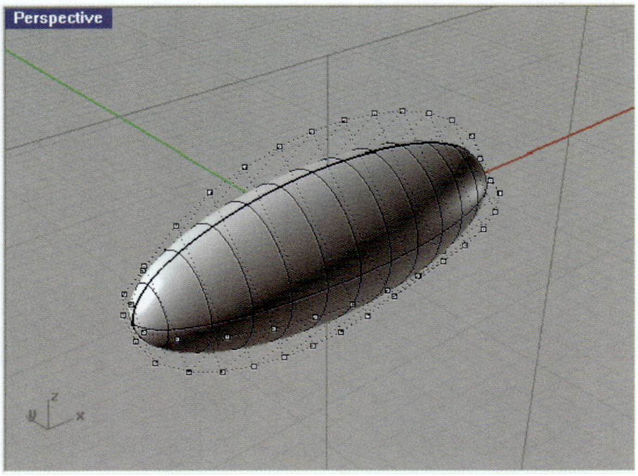

图 2-56　打开控制点

（8）在 Front 视图中调整相应控制点，使之符合设计形态（如图 2-57 所示）。

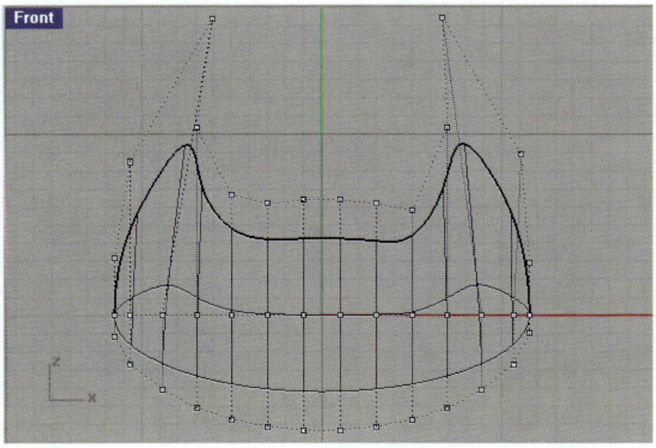

图 2-57　调整控制点

（9）右键点击控制点工具，关闭控制点，得到公仔的头部雏形（如图 2-58 所示）。

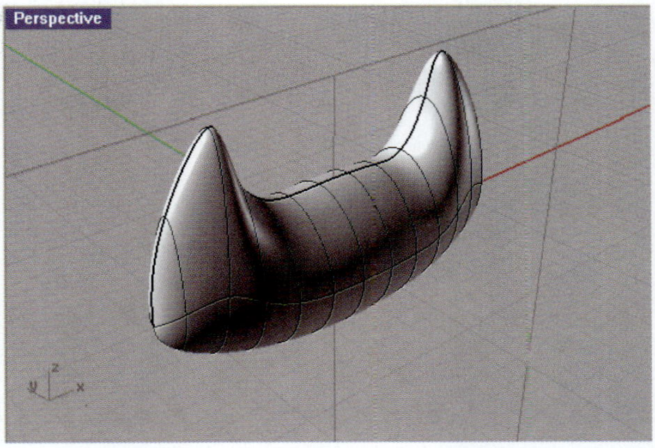

图 2-58　完成头部雏型

（10）单击曲线工具，以 Z 轴为对称中心绘制公仔躯干轮廓线（如图 2-59 所示）。

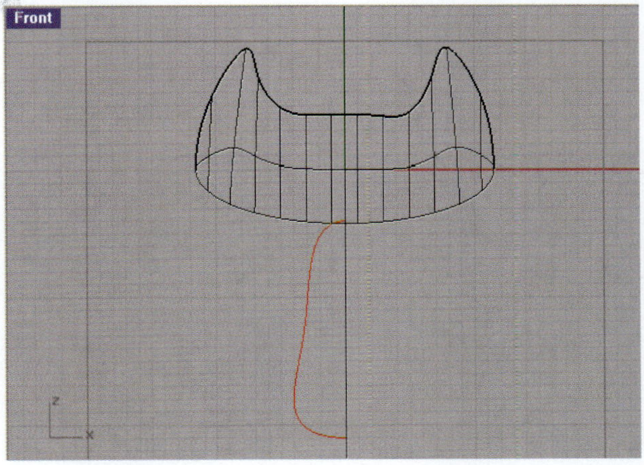

图 2-59　绘制躯干轮廓线

（11）单击中的旋转成形工具，将轮廓线沿 Z 轴旋转 360° 生成公仔身体（如图 2-60 所示）。

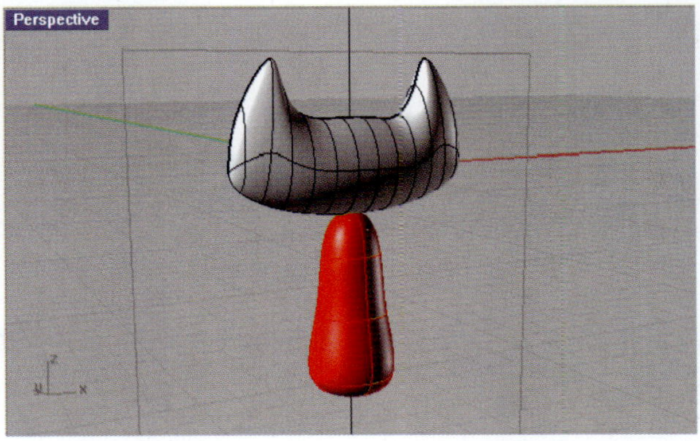

图 2-60　旋转 360° 生成公仔身体

（12）单击中的单轴缩放工具，在 Top 视图中将公仔身体调整至合适的宽度（如

图 2-61 所示）。

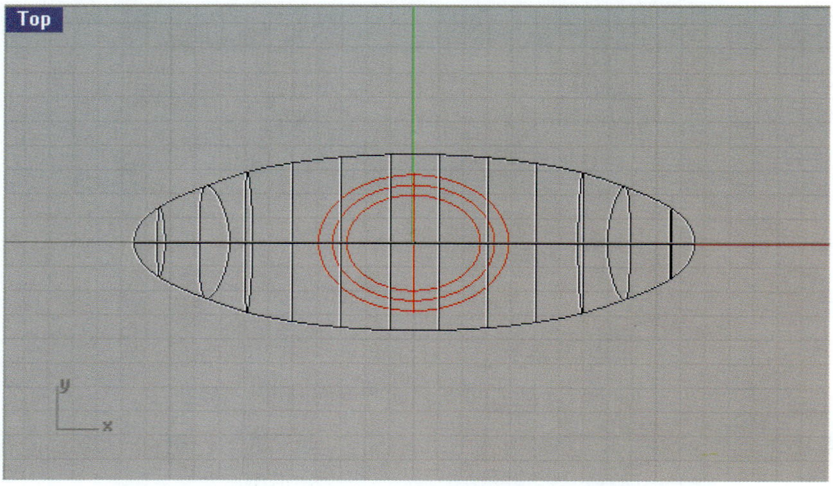

图 2-61　缩 放 躯 干

（13）单击曲线工具，在相应位置绘制公仔手部轮廓线（如图 2-62 所示）。

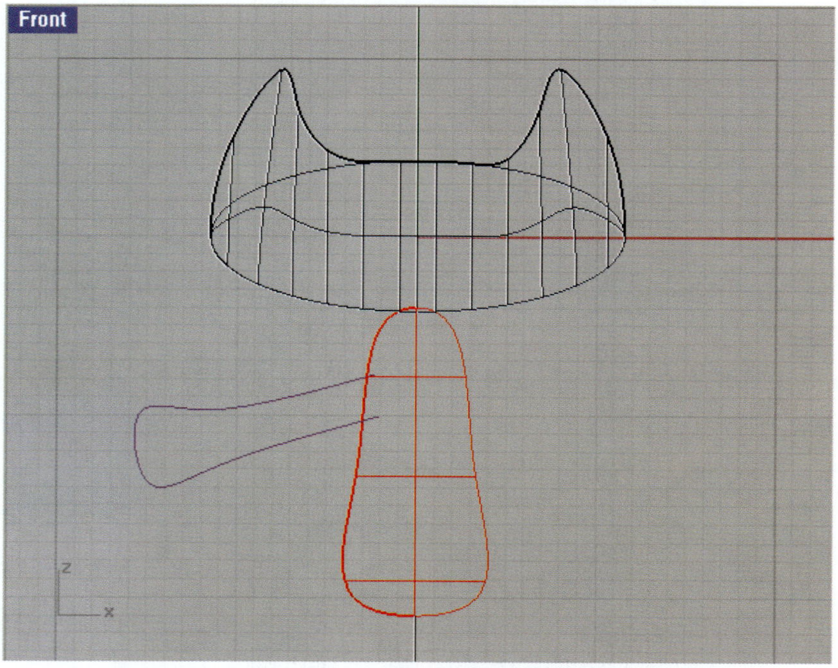

图 2-62　绘制手部轮廓线

（14）打开中点捕捉（如图 2-63 所示），单击分割工具，在手臂轮廓线中点处将其一分为二（如图 2-64 所示）。

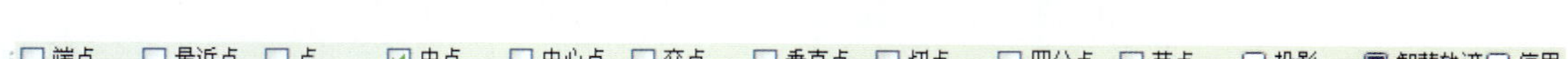

图 2-63　打开中点捕捉

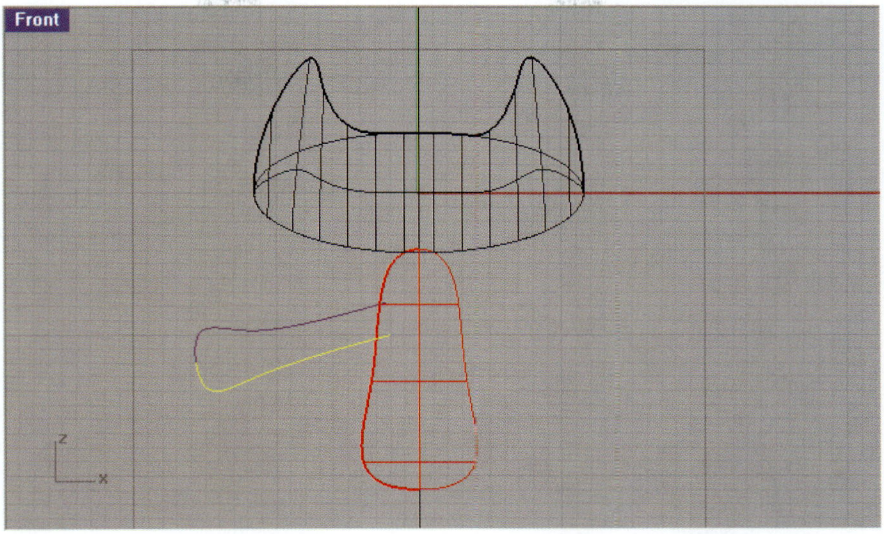

图 2-64　分割手部轮廓线

（15）点击椭圆工具 ，分别以手臂轮廓线两端点和两中点为椭圆长轴，绘制两个椭圆作为手臂的轴切面（如图 2-65 所示）。

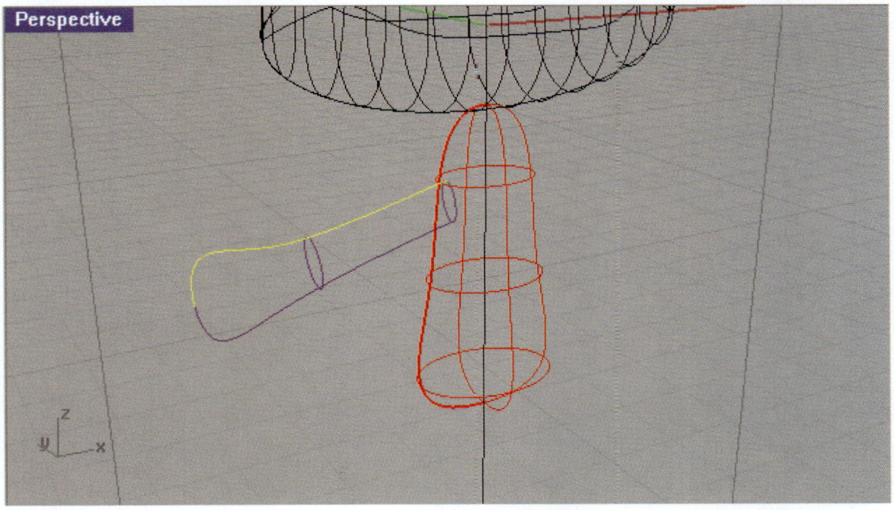

图 2-65　绘制手臂轴切面

【知识链接】

如何让 Rhino 界面更美观？

可以通过对 Rhino 界面设置的一些更改来使它更加直观和清晰。点击工具—选项，打开如图2-66 所示对话框，工作视窗设置中的背景选项改为双色渐层，分别指定上方颜色和下方颜色；将背面设置中的使用正面设置改为全部背面使用单一颜色，并指定颜色，得到如图2-67 所示设置；点击确定，即可以发现 Rhino 界面焕然一新了（如图 2-68 所示）。

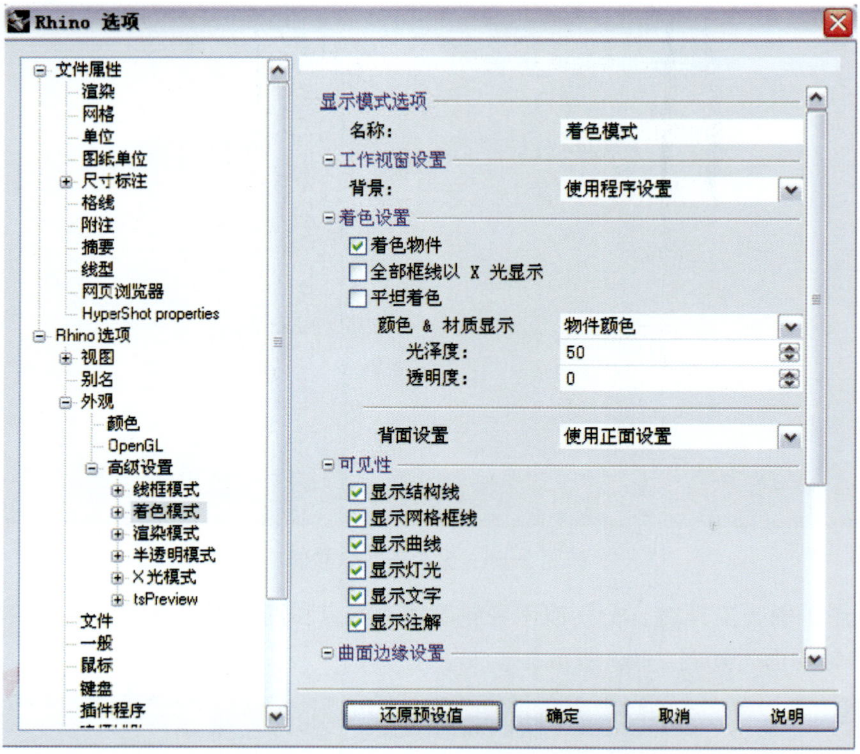

图 2-66　打开 Rhino 选项对话框

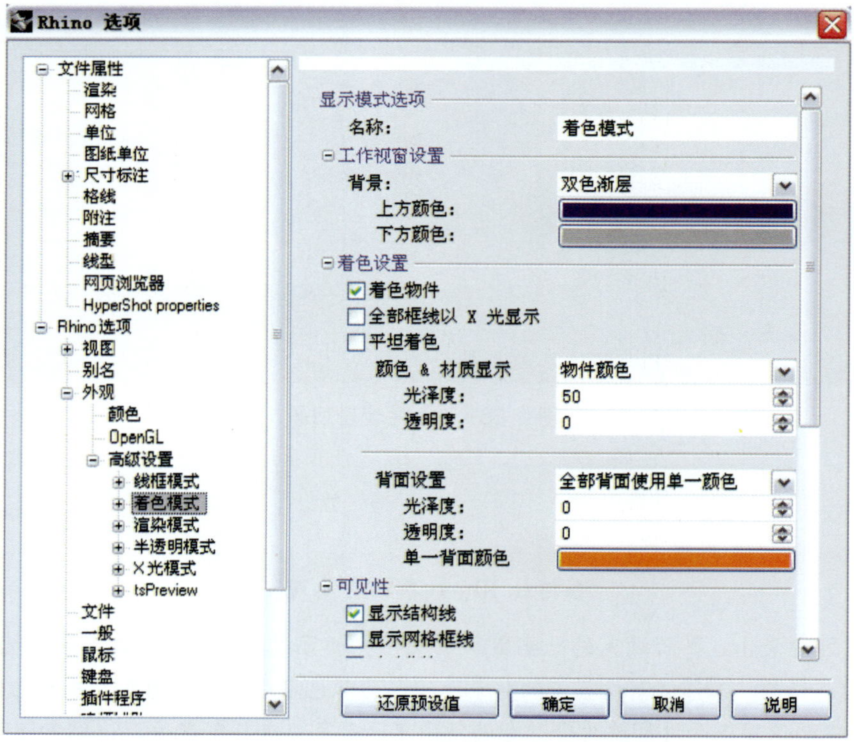

图 2-67　更改界面设置

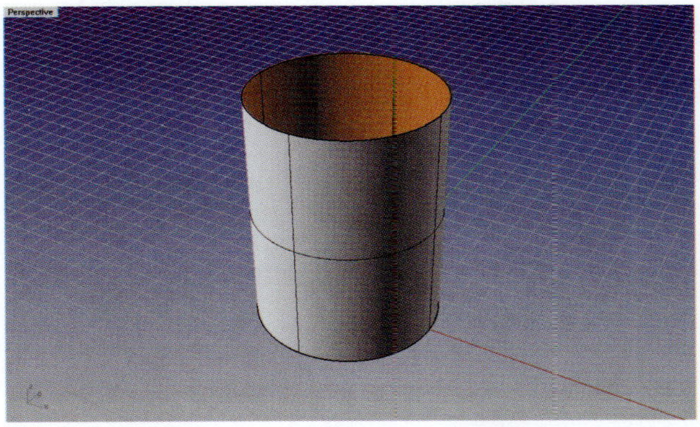

图 2-68　得到新的显示界面

（16）点击双轨扫掠工具，分别选择手臂轮廓线的两部分为路径，再依次选择端点处的椭圆、中点处的椭圆和轮廓线的中点为断面曲线进行扫掠，完成一侧手臂的绘制，如图 2-69 所示。

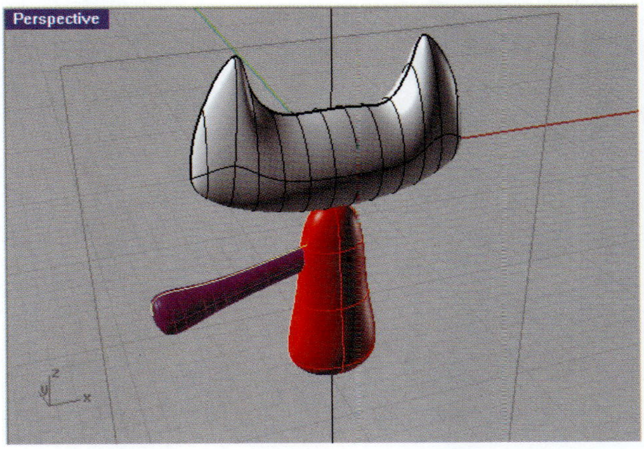

图 2-69　完成一侧手臂绘制

（17）单击镜像命令，将手臂沿 Z 轴镜像，完成另一侧手臂的绘制，如图 2-70 所示。

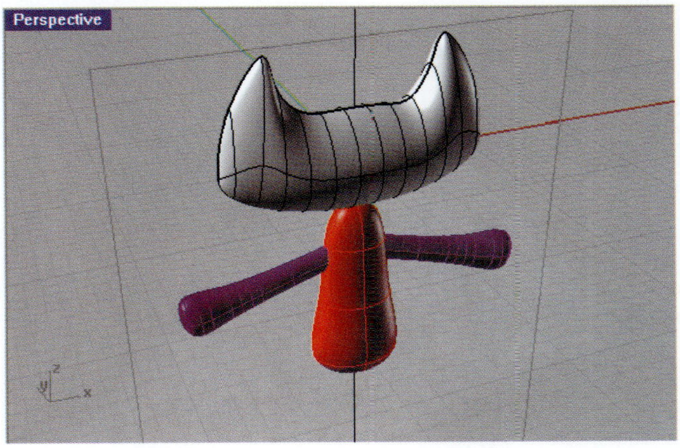

图 2-70　完成另一侧手臂绘制

（18）按照绘制手臂的方法绘制腿部（如图 2-71 所示）。

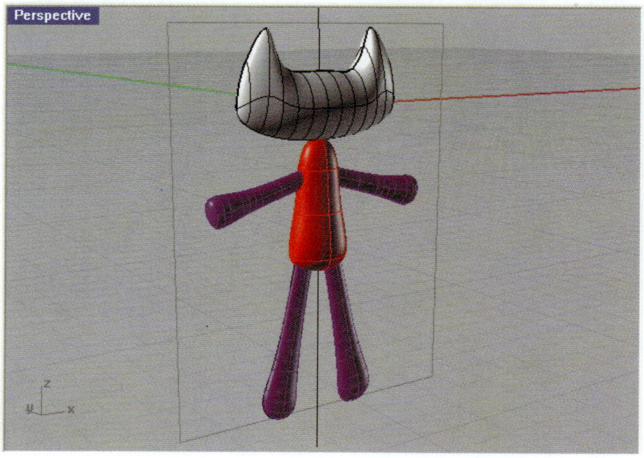

图 2-71　绘 制 腿 部

（19）制作公仔头部装饰零件，并用不同图层加以区分（如图 2-72 所示）。

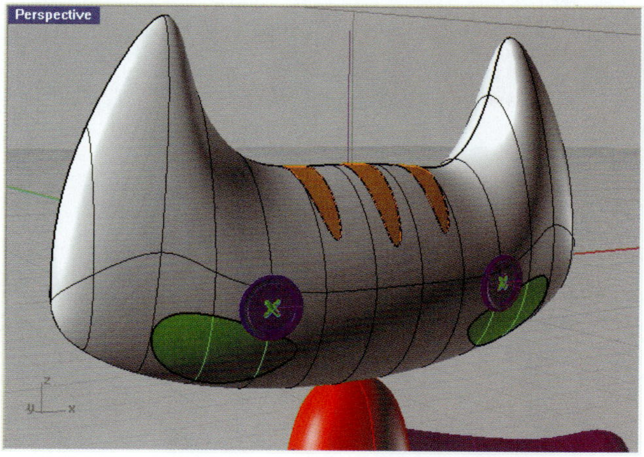

图 2-72　绘制头部装饰零件

任务 3　场景设计

1. 任务实施

（1）设计场景。

（2）调整公仔与场景相对位置。

（3）调整公仔姿态。

2. 制作步骤

（1）隐藏毛绒公仔模型，单击立方体工具，在原点附近建立一个立方体，如图 2-73 所示。

图 2-73　制作立方体

（2）单击复制工具和旋转工具，将正方体自然堆积，如图 2-74 所示。

（3）单击曲线工具，在 Right 视图中绘制一条曲线，长度与公仔的高度近似。将公仔所有零件群组，如图 2-75 所示。

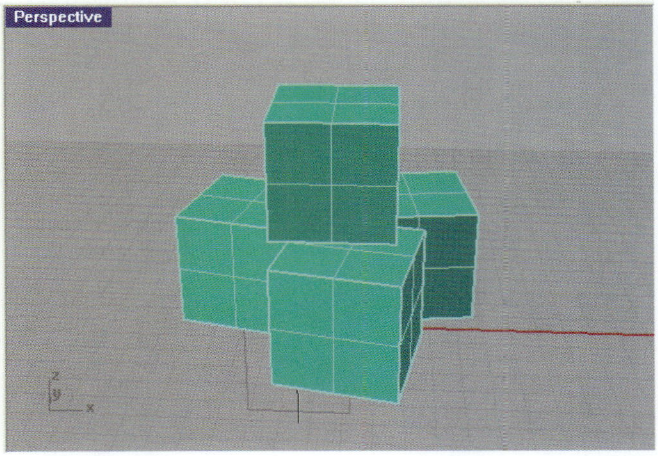

图 2-74　堆积立方体

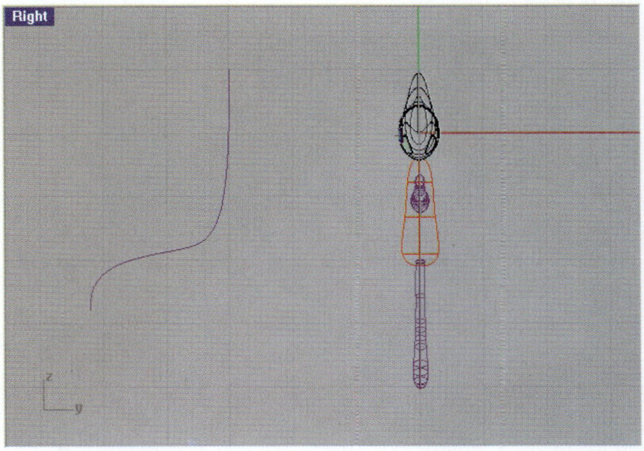

图 2-75　绘 制 曲 线

（4）单击沿曲线流动工具，令公仔整体沿着上一步绘制的曲线流动，调整公仔的姿势，如图 2-76 所示。

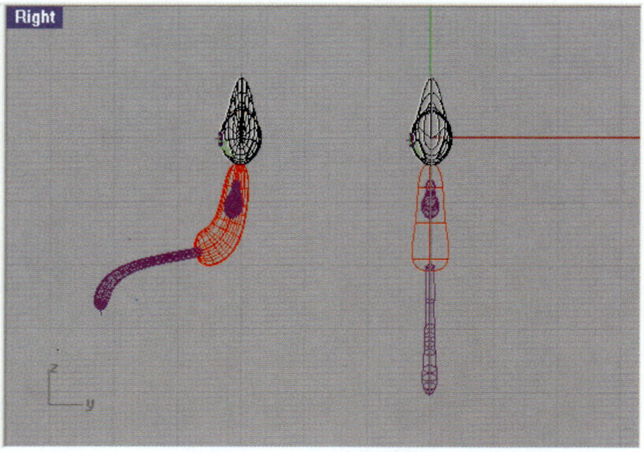

图 2-76　调整公仔姿势

（5）调整毛绒公仔的姿势和与场景的相对位置，如图 2-77 所示。

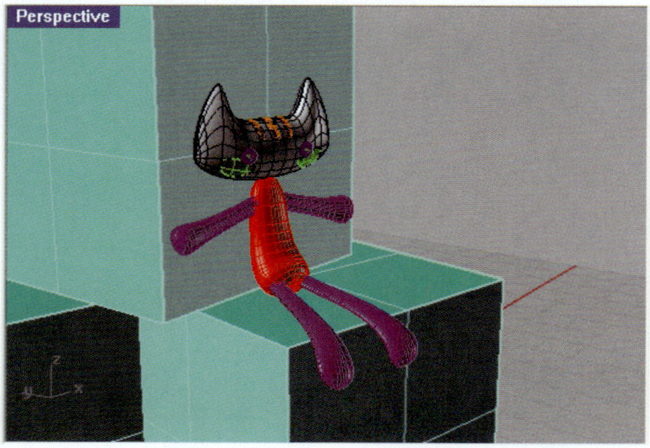

图 2-77　将公仔置入场景

（6）单击曲面圆角工具，将毛绒公仔的头部和四肢与躯干衔接，如图 2-78 所示。

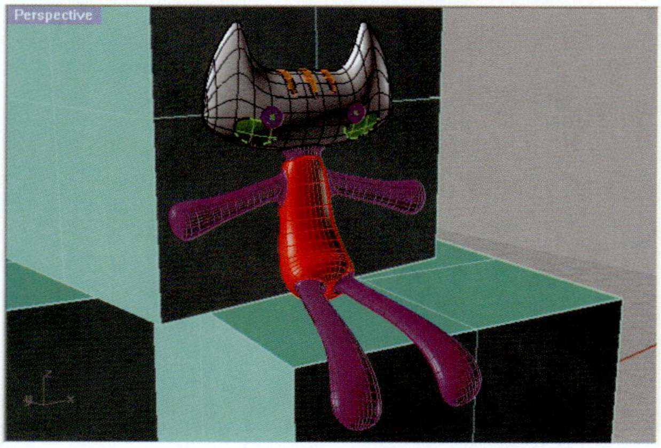

图 2-78　绘制衔接零件

任务 4　毛绒公仔效果图的渲染

1. 任务实施

（1）导入模型，给毛绒公仔赋予材质。

（2）调整环境和背景。

（3）渲染出图。

2. 制作步骤

（1）在 Rhino 菜单栏中单击渲染→目前的渲染器，激活 HyperShot 渲染插件。

（2）单击工具打开 HyperShot 插件，导入模型，如图 2-79 所示。

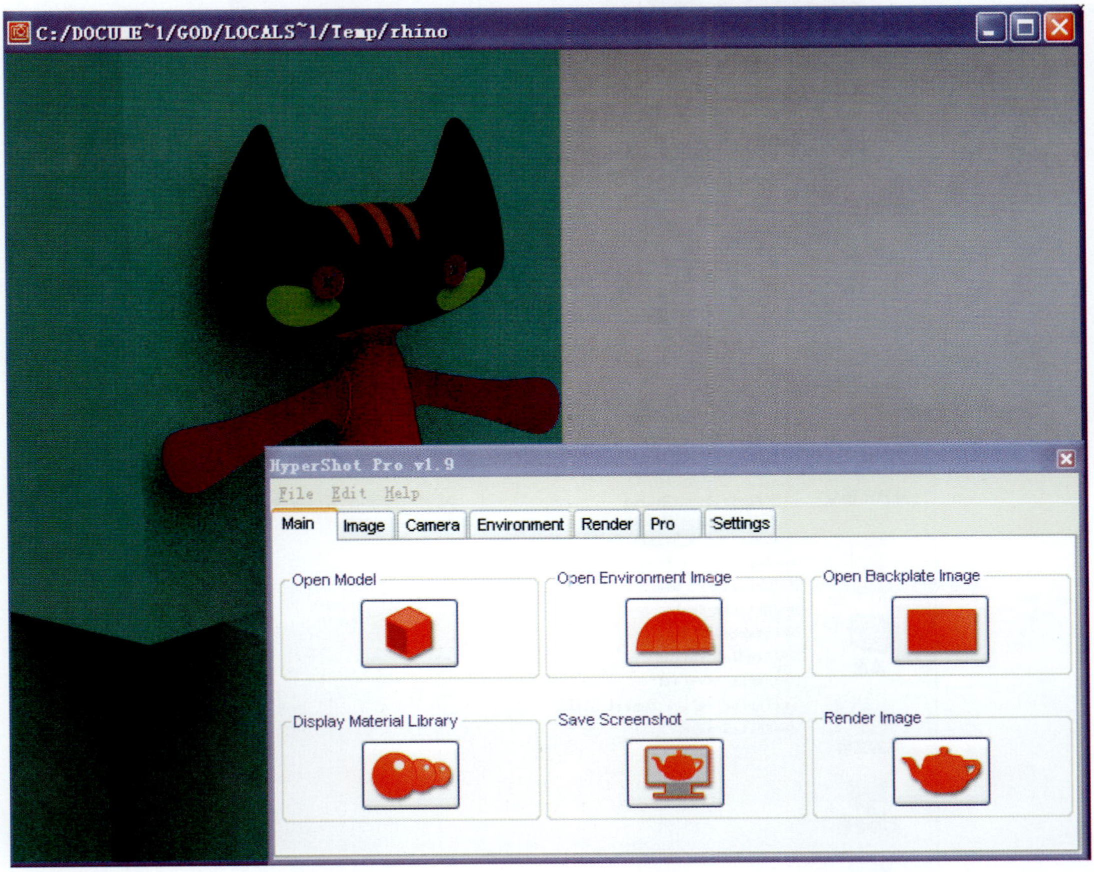

图 2-79　导 入 模 型

（3）单击工具，打开默认材质库，单击 Leather 项展开皮革材质库，如图 2-80 所示。

（4）按住键盘上的 Shift 键不放，用鼠标左键单击材质球，再将光标移动到相应的零件上，单击鼠标右键赋予零件材质，如图 2-81 所示。

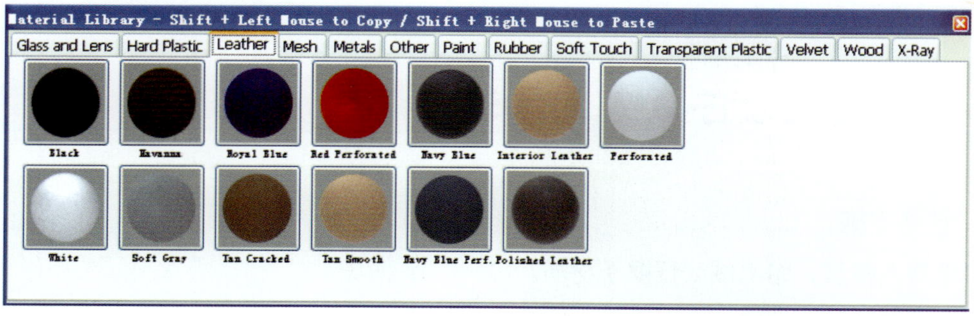

图 2-80　打开材质库

图 2-81　赋予零件材质

（5）单击工具 ，选择合适的环境反射贴图，模拟环境光照，如图 2-82、图 2-83 所示。

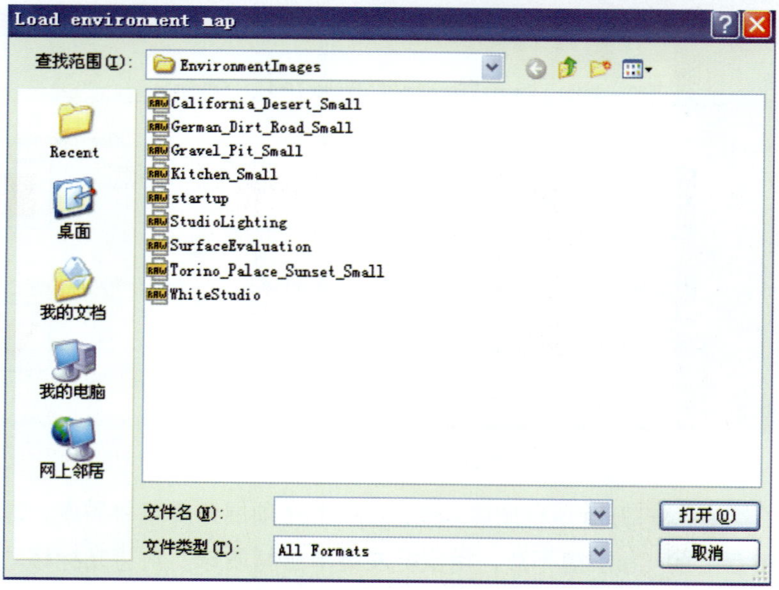

图 2-82　选择环境反射贴图

图 2-83　模拟环境光照

（6）单击工具■，选择合适的背景图片放置在场景中，如图 2-84、图 2-85 所示。

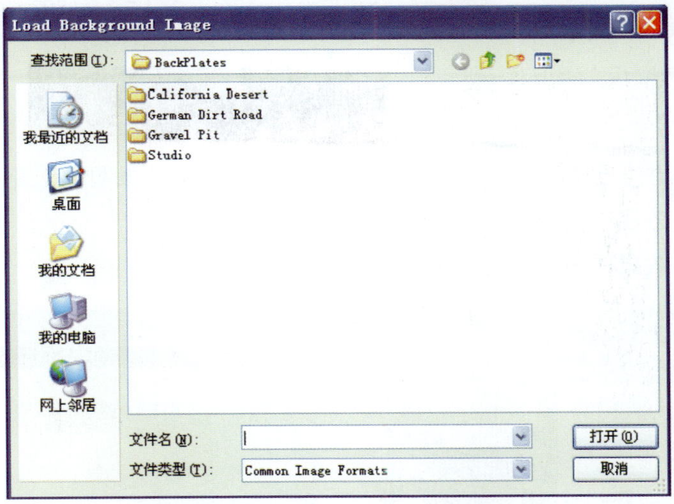

图 2-84　打开背景贴图

图 2-85　置换背景贴图

（7）单击空格键，呼出 Hypershot 控制面板，点击 Render 进入渲染设置界面。在 Output 处调整 Width 和 Height 值确定渲染输出尺寸。在 Output Format 处选择输出格式。在 Save As 处设置存储路径。最后单击 Render Image 或图标开始渲染（如图 2–86 所示）。

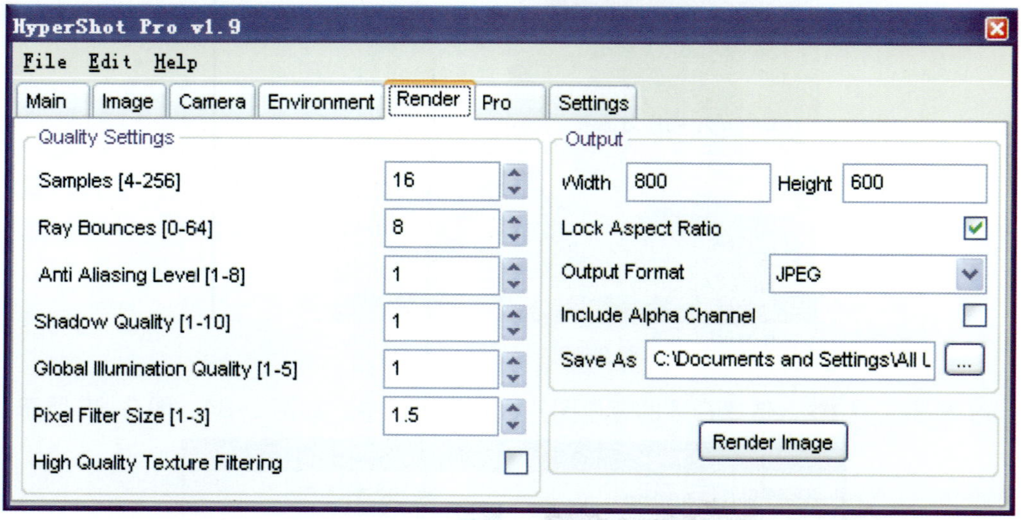

图 2–86　调整渲染参数

（8）等待渲染进度至 100% 后渲染完毕，提示框中显示效果图输出路径，渲染出图，并保存效果图（如图 2–87、图 2–88 所示）。

（9）最终渲染效果图（如图 2–89 所示）。

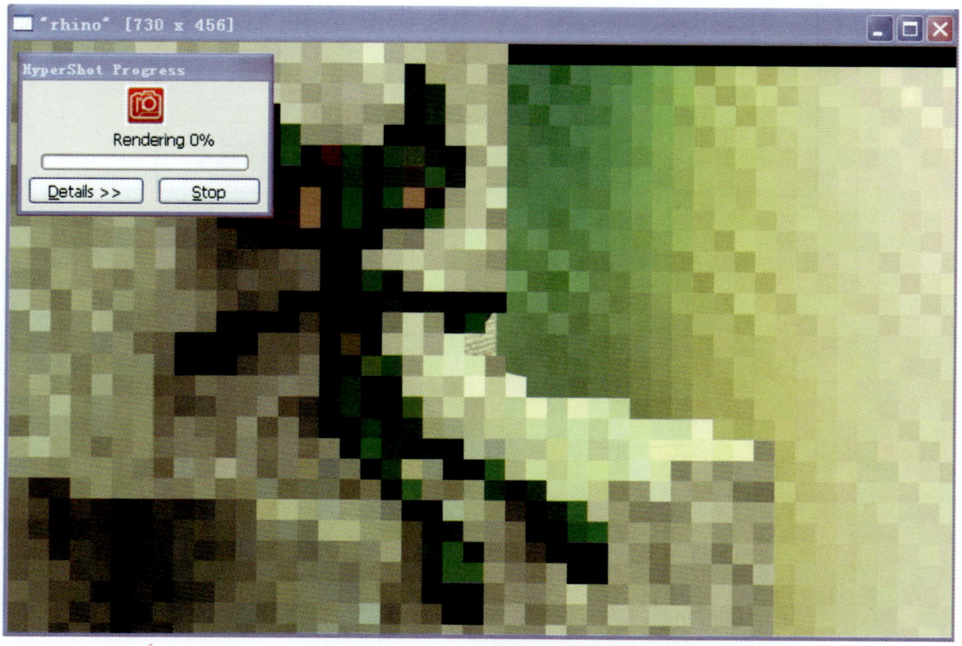

图 2–87　渲 染 出 图

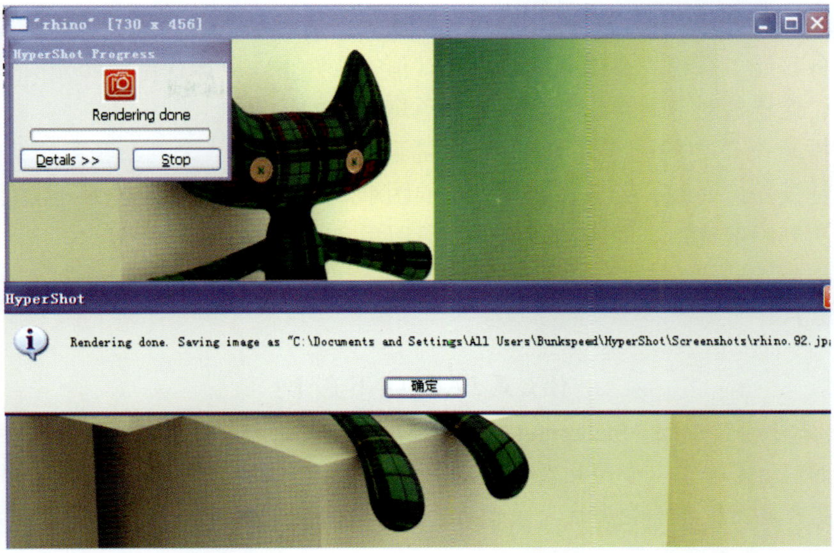

图 2-88　保存效果图

图 2-89　最终渲染效果图

任务 5　毛绒公仔色彩的识别

1. 任务实施

（1）统一对色环境选择。

（2）Pantone 颜色判断。

（3）制作色彩识别示意图。

2. 制作步骤

（1）为保证对色效果的一致性，要求在标准光源对色灯箱内对色，灯箱的种类按标准可分为两类：即 3 种光源（模拟日光、室光及橱窗光）灯箱及 5 种光源（模拟橱窗光、室光、紫外光及两种日光）灯箱。在没有标准对色灯箱的条件下，应该在室外光亮但不被阳光直射的地方对色，这样的对色效果最接近标准对色灯箱中的效果。

（2）根据附录 D 中的国际标准色卡——潘通卡（Pantone）来判断颜色的编号。对色时，由于人的视觉误差，有时会给判断造成一定的困难。设计师只有在工作中不断地积累经验，才能不断提高判断准确率。同时，有条件的可以用色谱分析仪来分析对比。

【知识链接】

什么是 PANTONE 色卡？

Pantone 公司是 X-Rite，Incorporated 的全资子公司，总部位于美国新泽西州卡尔士达特市（Carlstadt，NJ），是一家以专门开发和研究色彩而闻名全球的权威机构。四五十年来，Pantone 公司一直以其产品、服务和领先技术激发着设计专业人士的创新灵感和对色彩的探索。

Pantone 是一套美国公司研究出来的配色系统，英文全名是 Pantone Matching System，简称为 PMS。它的专色系统，基于三本颜色样本（PANTONE formula guide solid coated，PANTONE formula guide solid uncoated，PANTONE formula guide solid matte），分别是用粉纸、书纸及哑粉纸，用 14 种基本油墨合成，配成 1114 种专色。

PANTONE 色卡（如图 2-90 所示）大致可分为 PANTONE 印刷色卡，PANTONE 纺织色卡，PANTONE 塑胶色卡和与 PANTONE 色卡相对应的一些仪器等。PANTONE 色卡涉及范围比较广泛，所以客户在选购 PANTONE 色卡的时候要正确选择适合自己的色卡，以免造成不必要的人力财力物力的浪费。其实 PANTONE 色卡的每个颜色都是有其唯一的编号的，只要根据所掌握的编号就可以准确地知道所需要的色卡种类。比如 PANTONE 印刷色卡中颜色的编号就是以 3 位数字或 4 位数字加字母 C 或 U 构成的，例 pantone 100c 或 100u，或 pantone 1205C 或 1205U.字母 C 的意思是表示这个颜色在铜版纸（coated）上的表现，字母 U 表示是这个颜色在胶版纸（uncoated）上的表现。每个 PANTONE 颜色均有相应的油墨调配配方，配色十分方便。

图 2-90　PANTONE 色卡

（3）通过二维软件制作毛绒公仔色彩识别示意图（如图 2-91 所示）。

图 2-91　毛绒公仔色彩识别示意图

【延伸阅读】

★ 球体的基本开版方法

毛绒玩具的开版是实现设计从二维到三维不可缺少的重要环节。在设计出毛绒玩具形象后，设计人员会依靠个人经验，用纸板裁剪开片，然后反复修改二维裁片，才能得到一个符合要求的二维形状。这个过程称之为“开版”。下面介绍一些球体的开版方法。

图 2-92～图 2-95 所示为球体的基本开版方法及应用特例。

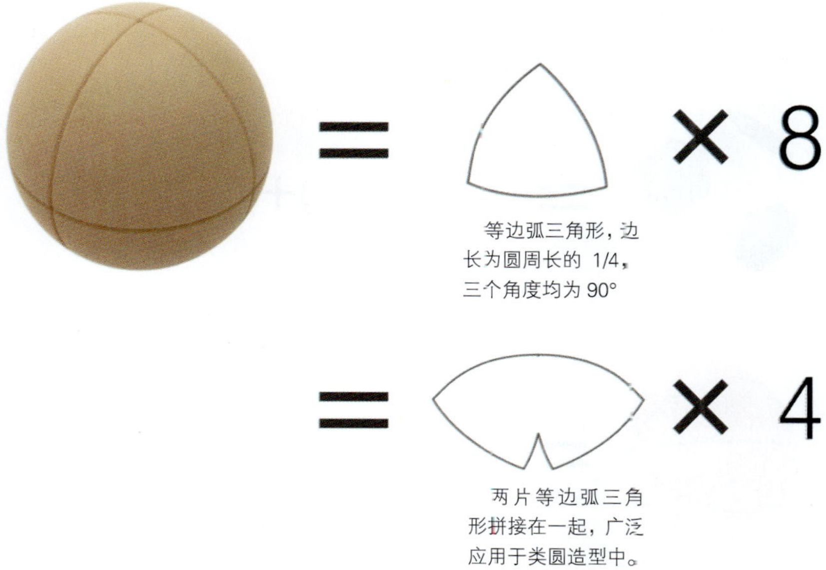

图 2-92　球体开版方法一

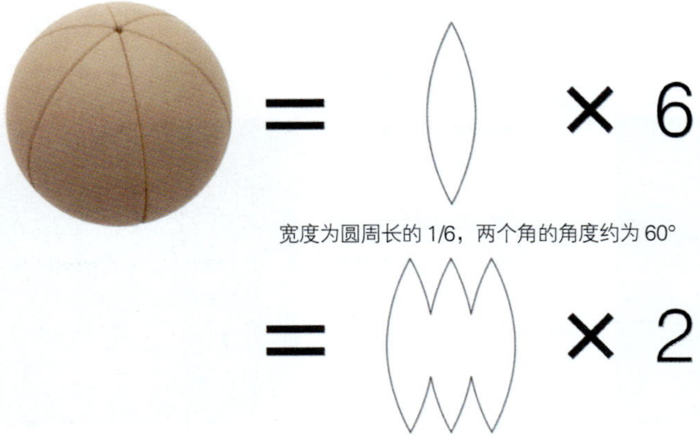

图 2-93　球体开版方法二

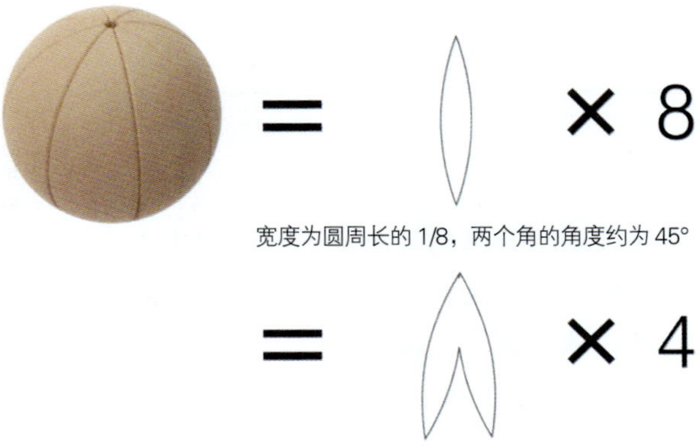

图 2-94　球体开版方法三

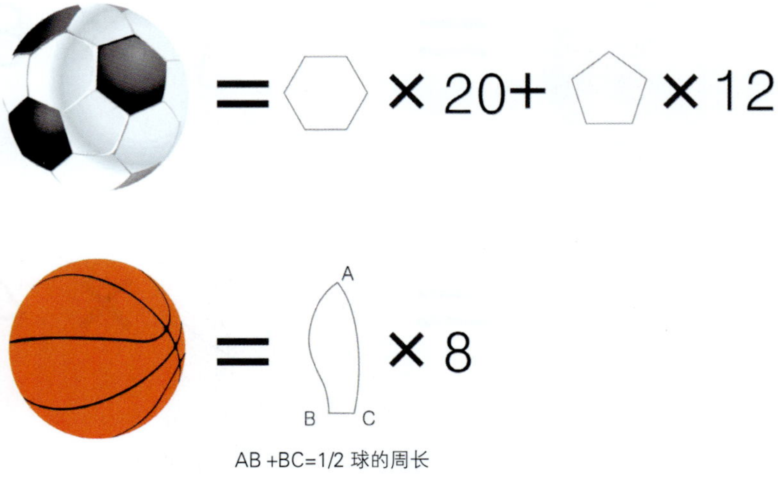

图 2-95　球体开版方法应用特例

【回顾反思】

1. 毛绒公仔的绘制流程是怎样的？每个流程中遇到哪些问题？怎样解决的？

毛绒公仔的绘制流程	遇到的问题	解决问题的方法
（1）________		
（2）________		
（3）________		
（4）________		
（5）________		

2. 在进行绘制时都使用了哪些关键命令操作？

操 作 命 令	在界面中的位置	使 用 方 法
（1）________		
（2）________		
（3）________		
（4）________		
（5）________	……	……

【课后作业】

1. 球体的开版方法主要有：________________。
2. 毛绒玩具的填充物主要有：________________。
3. 根据样例，设计并制作一款毛绒公仔。

项目 3　塑料玩具的造型设计

塑料玩具是目前玩具市场上普及率最高，应用最广泛的玩具。塑料材料集重量轻、坚固、加工方便、易大规模生产、价格便宜、易着色等多种优点于一身，因而在玩具设计中被大量采用。本项目选择了塑料玩具赛车的设计实例，帮助读者认识塑料玩具的特征、设计流程及方法，并掌握三维软件在设计上的综合应用。

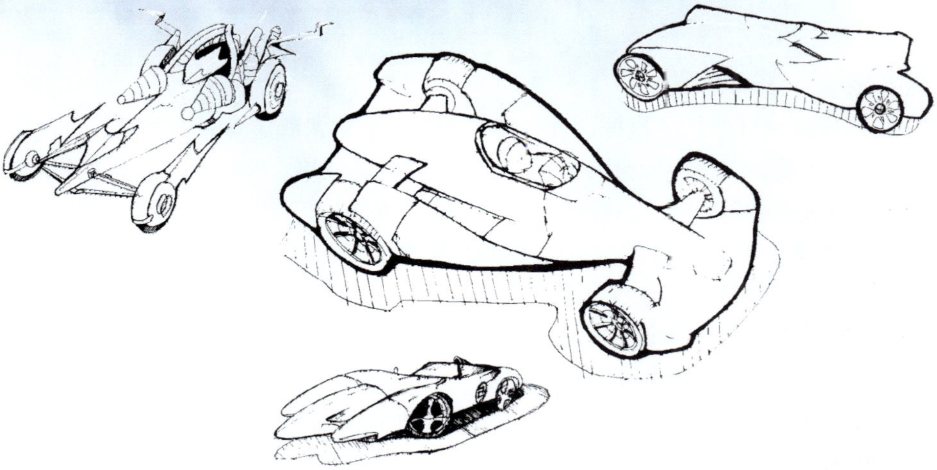

模块　塑料玩具赛车的造型设计

塑料玩具是目前玩具市场上普及率最高，应用最广泛的玩具。塑料材料集重量轻、坚固、加工方便、易大规模生产、价格便宜、易着色等多种优点于一身，因而在玩具设计中被大量采用。本项目选择了塑料玩具赛车的设计实例，帮助读者认识塑料玩具的特征、设计流程及方法，并掌握三维软件在设计上的综合应用。

学习目标

- 了解塑料玩具市场需求的调研方法
- 掌握草图设计技巧
- 掌握 Rhino 的综合建模技巧
- 掌握 Hypershot 软件的渲染技巧

工作任务

- 塑料玩具设计任务分析
- 塑料玩具草图设计
- 塑料玩具草模制作
- 塑料玩具效果图制作

本项目将依据表 3-1 展开塑料玩具设计任务。

表 3-1　设计任务书

玩 具 名 称	塑料玩具赛车
造 型 要 求	1. 以赛车为设计主题 2. 能模拟真实赛车的形态 3. 以电力驱动，设计时无需考虑内部结构 4. 细节丰富
规 格 要 求	1. 以塑料为主材 2. 主要尺寸为 210mm×50mm×65mm
备　　注	6 个工作日内完成提案

任务 1　塑料玩具赛车设计任务分析

任务实施

（1）塑料玩具设计分析　根据设计任务书的具体要求，确定赛车为塑料玩具的设计主题。塑料玩具赛车按照设计风格可以分为仿真、卡通、科幻等风格。根据设计任务要求，应设计一款仿真类型的塑料玩具赛车，因此资料收集应围绕真实赛车展开（图 3-1 所示为部分赛车图片）。

（2）资料收集　赛车的种类根据比赛的类别通常分为越野赛赛车、拉力赛赛车、一级方程式赛车、三级方程式赛车、直线竞速赛车、卡丁车等。此例中选择最具冲击力并且影响力最广泛的一级方程式赛车为玩具设计的主题。

F1 大赛，中文称为“一级方程式锦标赛”，是英文 Formula 1 Grand Prix 的简称，目前这项比赛的正式全名为“FIA Formula 1 World Championship”一级方程式赛车世界锦标赛。“方程式”其实就是“规则与限制”的意思，因为 F1 比赛是在 FIA 所制订的规格与规则下来制造赛车以及进行比赛的，所有参赛的队伍都必须遵守这套如方程式般的准则。

a）

b）

c）

图 3-1　塑料玩具车造型调研图片收集（图片来源于网络）

d）

e）

f）

图 3-1　塑料玩具车造型调研图片收集（图片来源于网络）（续）

（3）图片整理和分类　收集适量的相关图片后，填写表 3-2。

表 3-2　图片分析报告书

图片序号	类型/名称	色　彩	线条风格	材　料	消费人群
1					
2					
3					
4					
5					
6					
7					
8					
9					
10					
11					
……					
审核：			制订：		

由图片分析报告书进行趋势分析总结。

例：玩具赛车特点分析总结。通过图片分析可知，玩具方程式赛车有以下特点：

1）线条流畅，整体呈流线型。

2）车身低矮，车轮占全车比例较大。

3）色彩鲜艳，车身布满赞助商标识。

任务 2　塑料玩具赛车草图的设计

1. 任务准备

任务实施前应准备卡纸、绘图笔、圆规、直尺等绘图工具。

2. 任务实施

（1）确定基本尺寸和形态，如图 3-2 所示。

（2）丰富零件，细化赛车细节，如图 3-3 所示。

（3）铺色，如图 3-4 所示。

（4）整体完善及细节刻画，如图 3-5 所示。

图 3-2　基本尺寸和形态

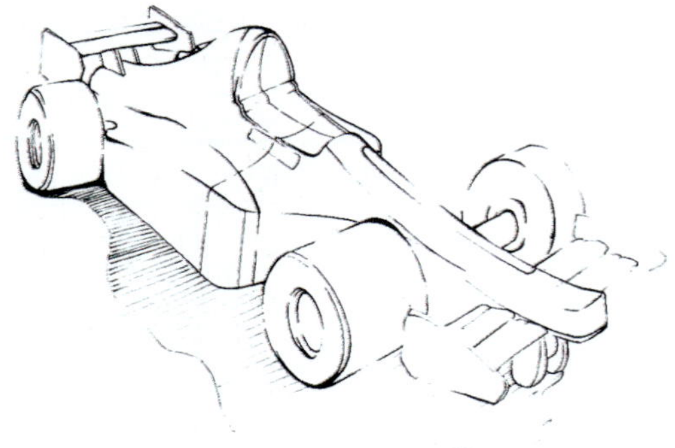

图 3-3　细化赛车细节

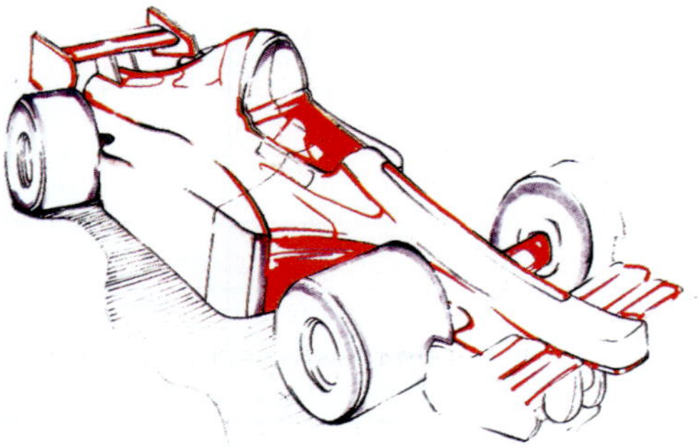

图 3-4　铺　　色

图 3-5　整体完善及细节刻画

任务 3　塑料玩具赛车三维模型的制作

1. 任务实施

（1）确定零件主要尺寸。

（2）在三维软件中确定尺寸及工作平面。

（3）利用直线及曲线绘制工具，绘制零件轮廓线。

（4）使用挤压工具、放样工具等将轮廓线转化成为实体图。

（5）制作赛车玩具的其他零件。

（6）使用移动、旋转、复制等工具完成零件组装。

2. 制作步骤

（1）双击图标，进入 Rhino 界面。

（2）在弹出的启动模板中选择建模尺度的基本单位。这里设置为 mm，如图 3-6 所示。

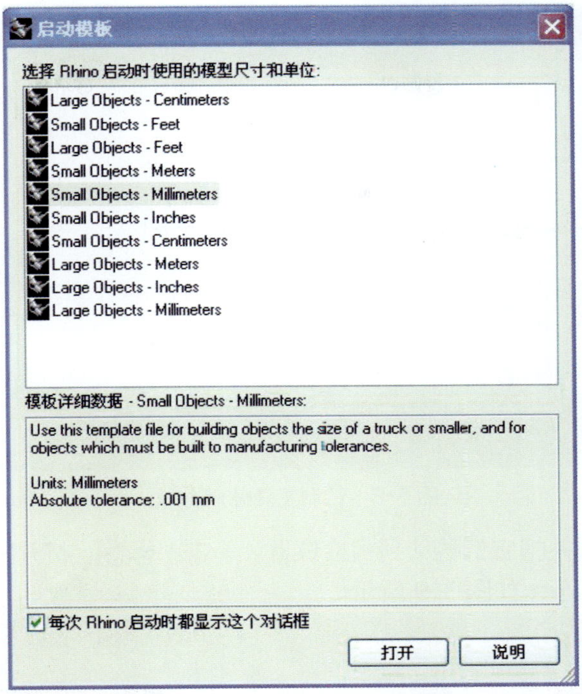

图 3-6　设置建模尺度的基本单位

（3）单击图标，分别在 Top、Front 和 Right 视图中绘制 210mm×50mm、210mm×65mm、50mm×65mm 的矩形。选中矩形后点击鼠标中键，选择图标将矩形锁定，确定模型尺寸，如图 3-7 所示。

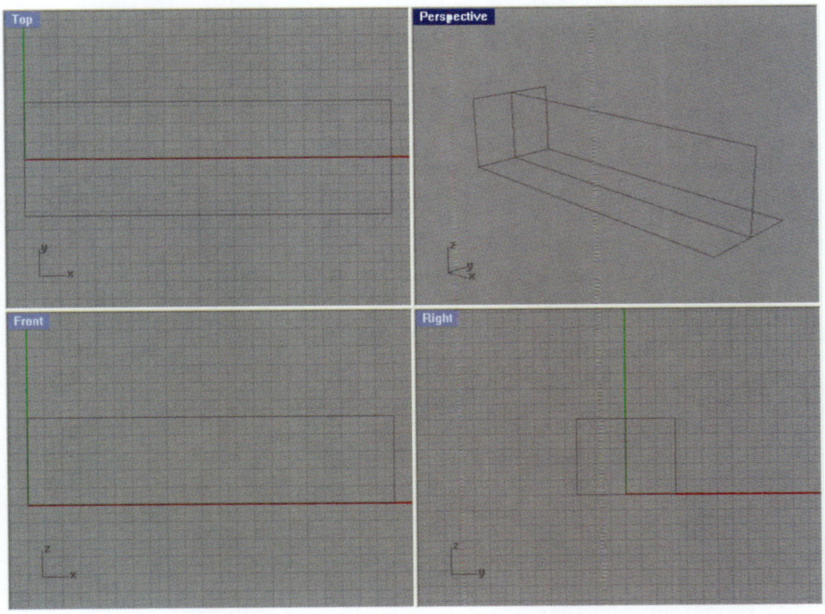

图 3-7　确定模型尺寸

（4）单击图标，在 Right 视图中的矩形框内绘制赛车主体轮廓曲线（如图 3-8 所示）。

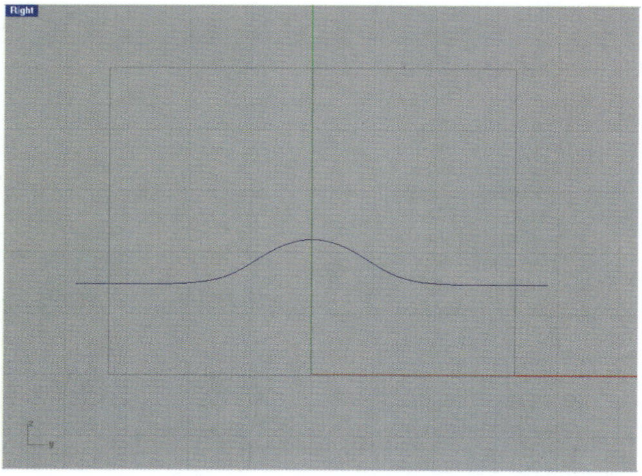

图 3-8　绘制主体轮廓曲线

（5）复制 4 条曲线并把它们移动到相应位置。单击图标，打开控制点，将四条曲线调整成赛车轮廓的相应形态，如图 3-9 所示。

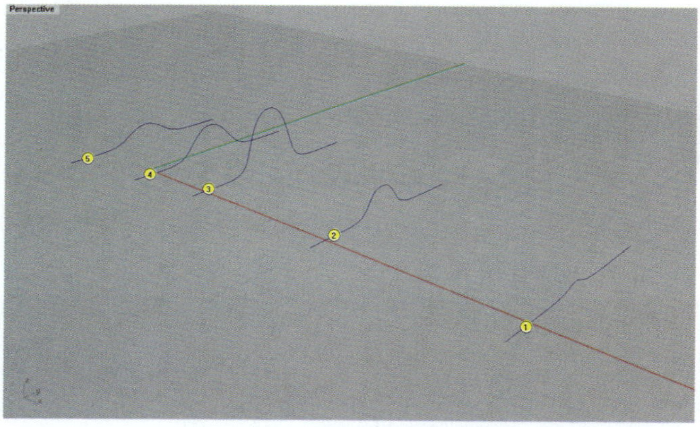

图 3-9　调整曲线控制点

（6）单击放样工具，按照方向顺序依次选择 5 条曲线，生成赛车主体的上表面（如图 3-10 所示）。

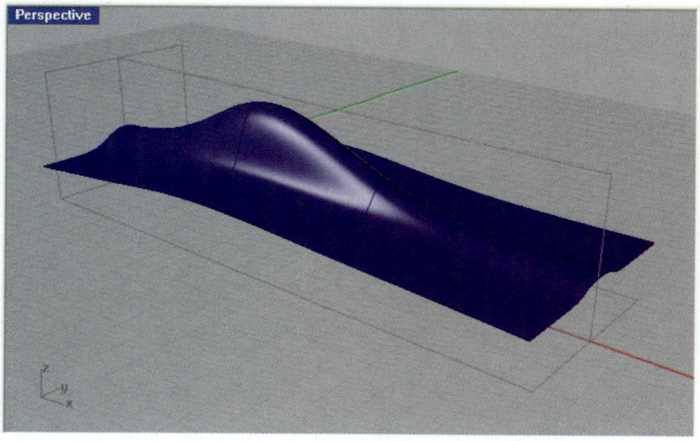

图 3-10　绘制赛车主体上表面

（7）隐藏上述表面。单击图标，在 Top 视图中的矩形框内绘制赛车主体轮廓曲线（如图 3-11 所示）。

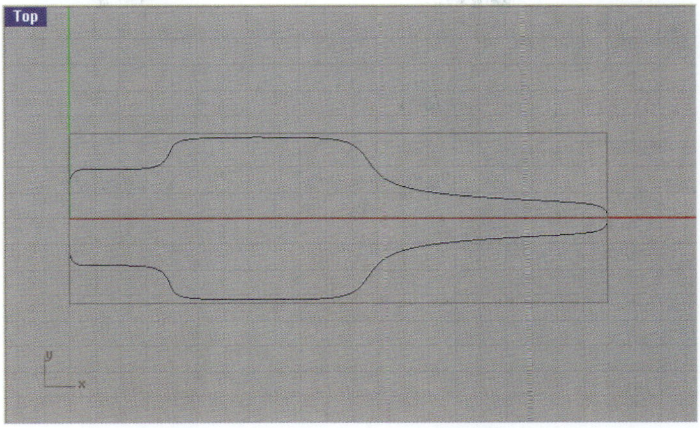

图 3-11　绘制主体轮廓曲线

（8）选中轮廓曲线，在 Top 视图中单击图标，将曲线拉伸成实体轮廓，如图 3-12 所示。点击布尔运算工具，用赛车上表面截去多余实体轮廓曲线。

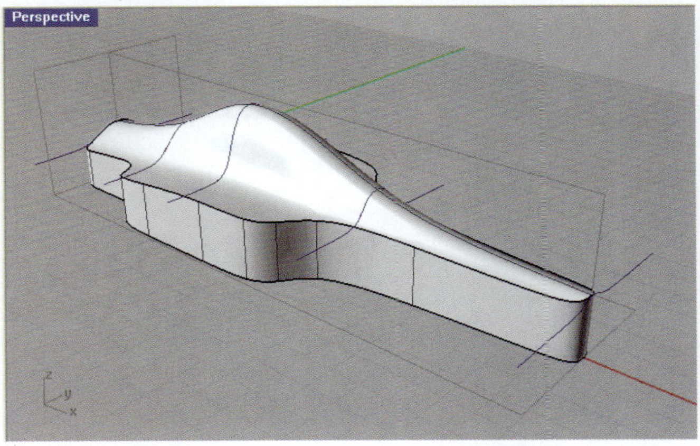

图 3-12　将曲线拉伸成实体轮廓

（9）单击图标，在 Front 视图中的矩形框内绘制赛车主体轮廓曲线，如图 3-13 所示。

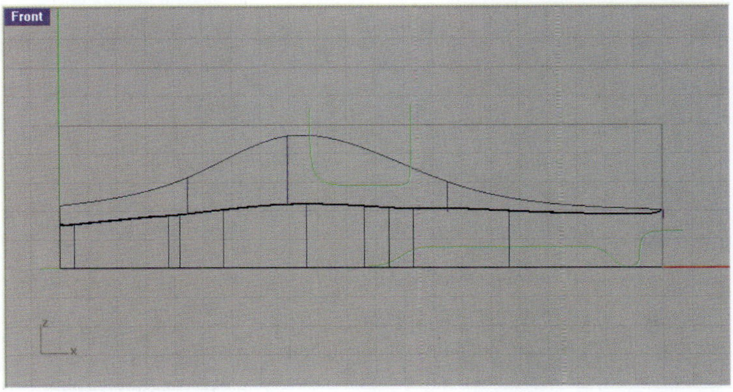

图 3-13　绘制主体轮廓曲线

（10）选中轮廓曲线，在 Front 视图中单击图标，将曲线拉伸成实体轮廓。点击布尔运算工具，用赛车上表面截去多余实体轮廓，如图 3-14 所示。

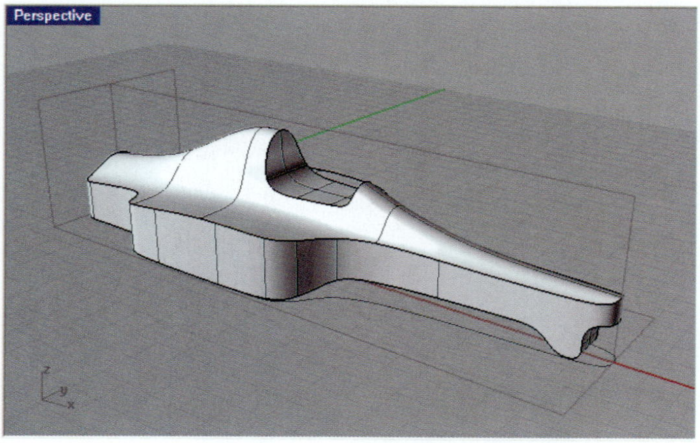

图 3-14　截去多余实体轮廓

（11）点击圆角工具，对赛车主体轮廓进行圆角处理，如图 3-15 所示。

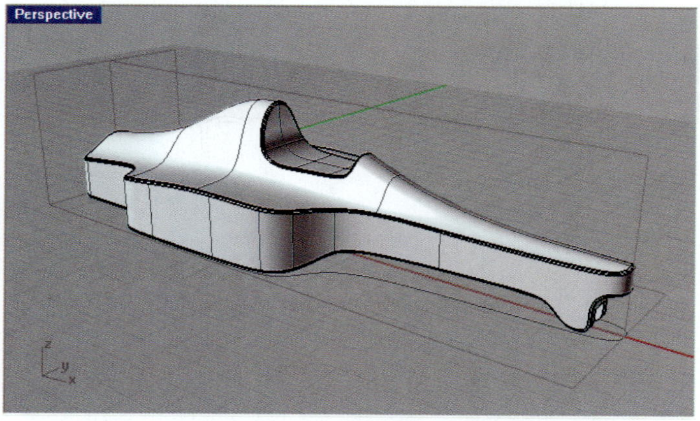

图 3-15　圆角处理

（12）单击图标，在 Top 视图中绘制赛车车轮的轮廓曲线，如图 3-16 所示。

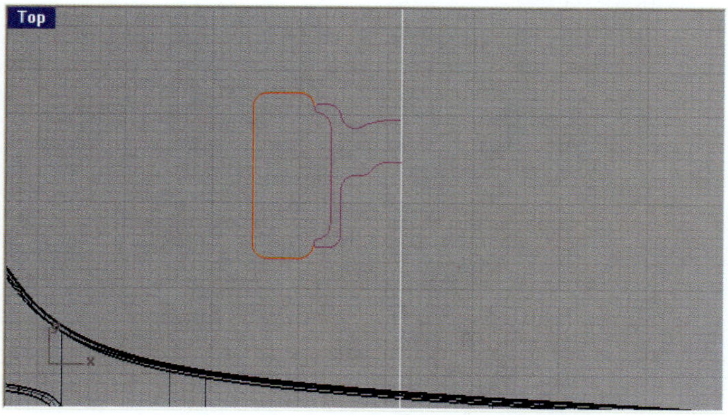

图 3-16　绘制赛车车轮轮廓曲线

（13）单击图标，分别选择两条曲线，按轴线旋转制作车轮。利用、等命令完成其他三个车轮的制作，如图 3-17 所示。

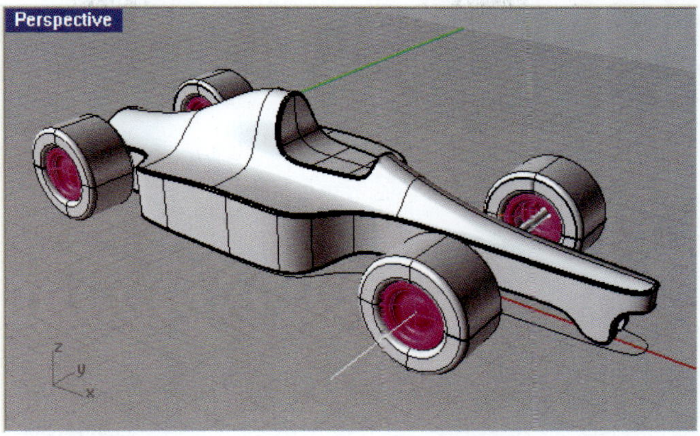

图 3-17　完成车轮制作

（14）使用、等工具增加扰流板等零件，使赛车细节更加丰富，如图 3-18 所示。

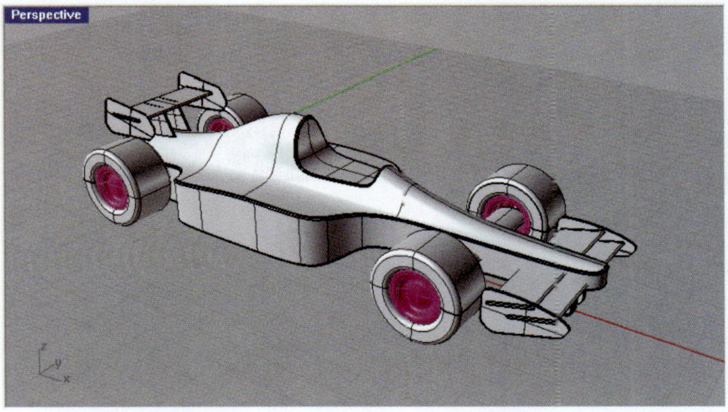

图 3-18　增加扰流板等零件

（15）使用投影工具、分割工具命令，将赛车整体用不同图层加以区分，如图 3-19 所示。

图 3-19　区分不同图层

任务 4　塑料玩具赛车效果图的渲染

1. 任务实施

（1）导入模型，给塑料玩具赛车赋予材质。

（2）调整环境和背景。

（3）渲染出图。

2. 制作步骤

（1）在 Rhino 菜单栏中单击渲染 → 目前的渲染器，激活 HyperShot 渲染插件。

（2）单击工具，打开 HyperShot 插件导入模型，如图 3-20 所示。

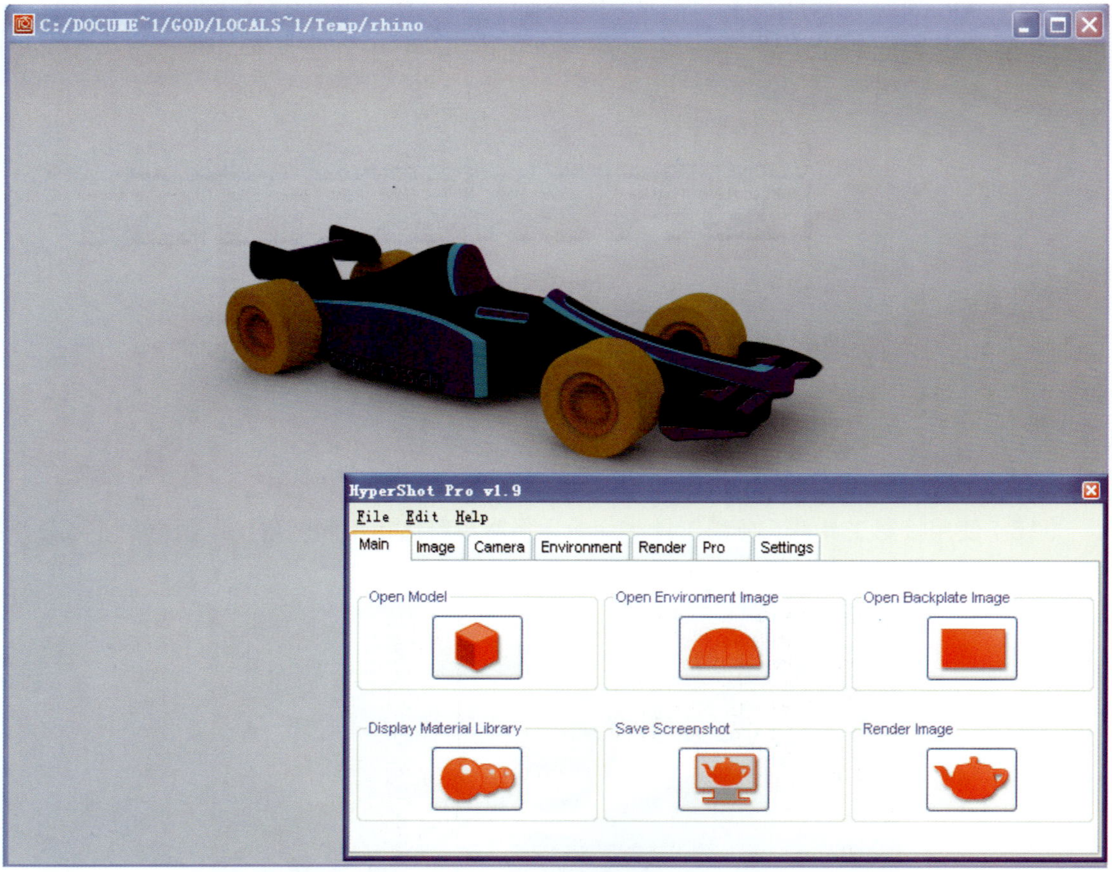

图 3-20　导入模型

（3）单击工具，打开默认材质库，单击 Paint 项展开油漆材质库，如图 3-21 所示。

（4）按住键盘上的 Shift 键不放，用鼠标左键单击材质球，再移动到相应的零件上单击鼠标右键赋予零件材质，如图 3-22 所示。

图 3-21　展开油漆材质库

图 3-22　赋予零件材质

（5）单击工具，选择合适的环境反射贴图，模拟环境光照（如图 3-23、图 3-24 所示）。

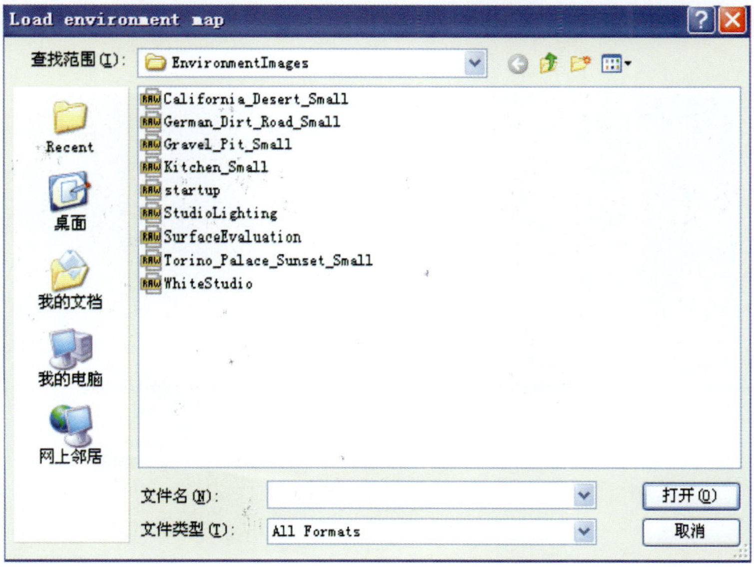

图 3-23　选择环境贴图

图 3-24　模拟环境光照

（6）单击空格键，呼出HyperShot 控制面板，点击 Environment 进入环境设置界面，将 Background Color（背景色）改为灰色，并去掉 Visible Environment（环境可见）选项中的勾，如图 3-25 所示。效果如图 3-26 所示。

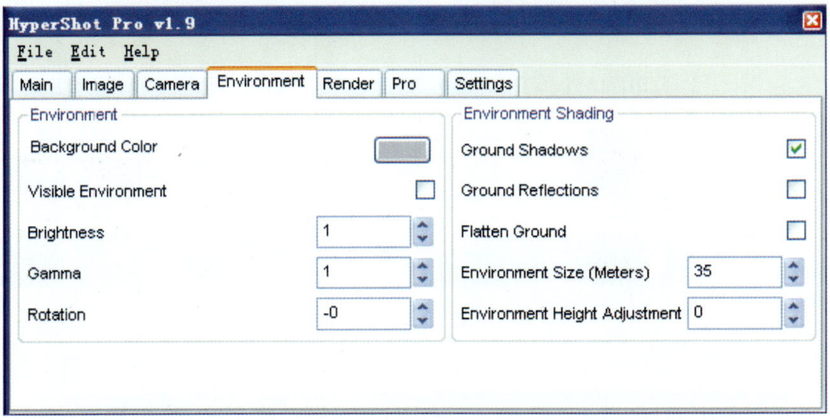

图 3-25　调整环境参数

图 3-26　调整材质参数

（7）单击空格键，呼出 HyperShot 控制面板，点击 Render 进入渲染设置界面。在 Output 处调整 Width 和 Height 值，确定渲染输出尺寸。在 Output Format 处选择输出格式。在 Save As 处设置存储路径。最后单击 Rencer Image 或图标开始渲染（如图 3-27、图 3-28 所示）。

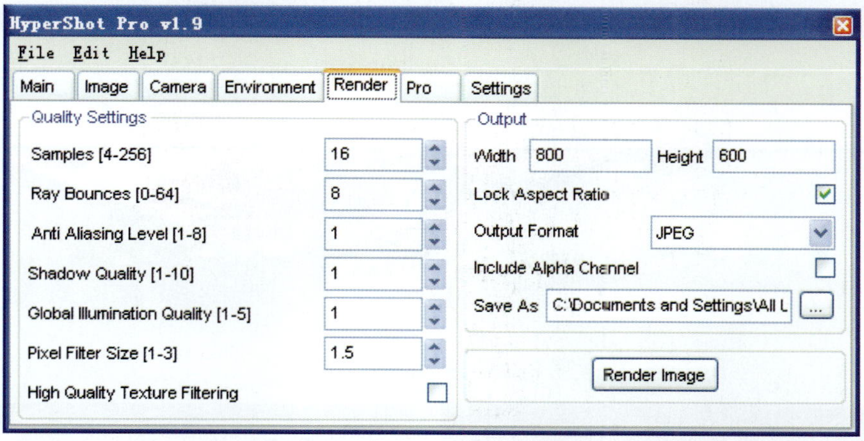

图 3-27　调整渲染参数

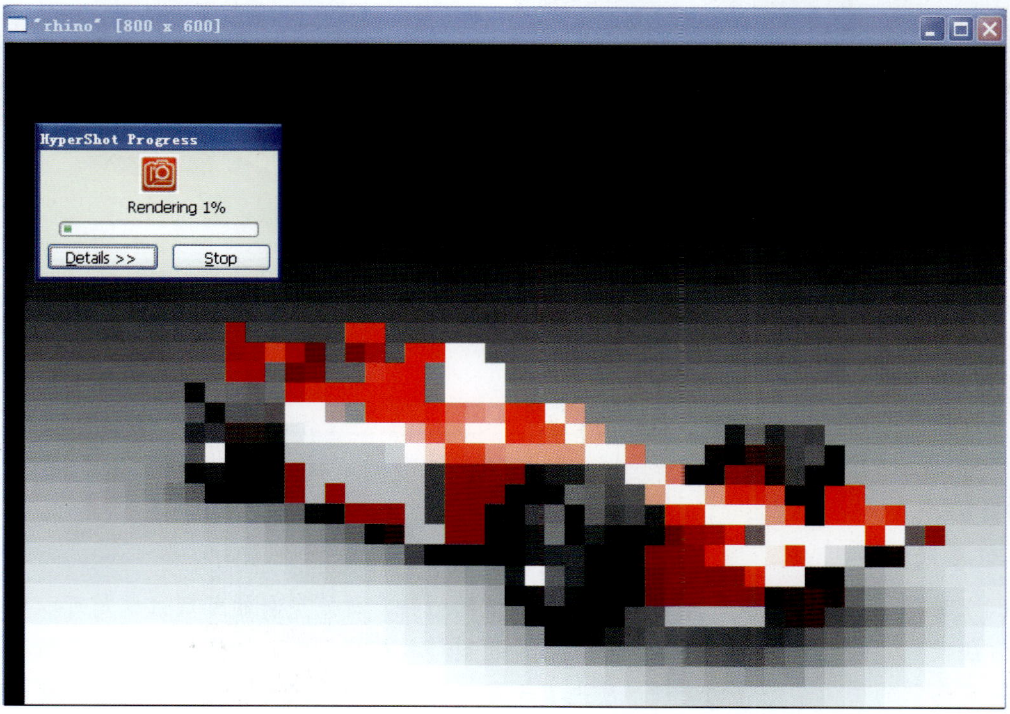

图 3-28　渲 染 出 图

（8）等待渲染进度至 100% 后渲染完毕，提示框中显示效果图输出路径，如图 3-29 所示。

（9）最终渲染效果图，如图 3-30 所示。

（10）通过更换环境及背景图可以模拟成更真实的效果图（如图 3-31 所示）。

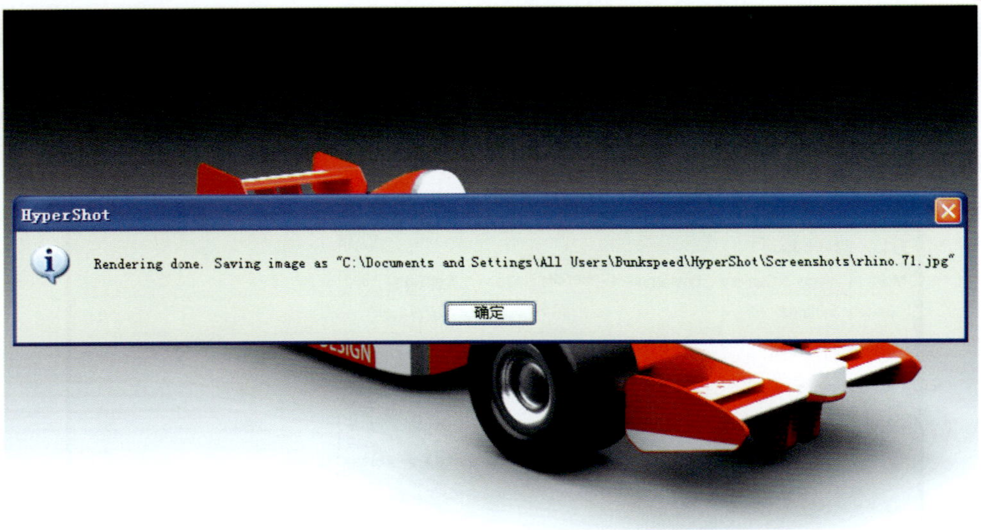

图 3-29　效果图输出路径

图 3-30　最终渲染效果图

图 3-31　模拟更加真实的效果

【延伸阅读】

★ 塑料相关知识

1. 塑料的特性

（1）可塑性　顾名思义，塑料就是可以塑造的材料。所谓塑料的可塑性就是可以通过加热的方法使固体的塑料变软，然后再把变软了的塑料放在模具中，让它冷却后又重新凝固成具有一定形状的固体。塑料的这种性质也有一定的缺陷，即遇热时容易软化变形，有的塑料甚至用温度较高的水烫一下就会变形，所以塑料制品一般不宜接触开水。

（2）弹性　有些塑料也像合成纤维一样，具有一定的弹性。当它受到外力拉伸时，卷曲的分子就由于具有柔韧性而被拉直，但一旦拉力取消，它又会恢复原来的卷曲状态，这样就使得塑料具有弹性，例如聚乙烯和聚氯乙烯的薄膜制品。但是有些塑料是没有弹性的。

（3）强度　塑料虽然没有金属那样坚硬，但与玻璃、陶瓷、木材等相比，还是具有比较高的强度及耐磨性的。塑料可以制成机器上坚固的齿轮和轴承。

（4）耐腐蚀性　塑料既不像金属那样在潮湿的空气中会生锈，也不像木材那样在潮湿的环境中会腐烂或被微生物侵蚀，另外塑料耐酸碱的腐蚀。因此塑料常常被用作化工厂的输水和输液管道、建筑物的门窗等。

（5）绝缘性　塑料的分子链是原子以共价键结合起来的，分子既不能电离，也不能在结构中传递电子，所以塑料具有绝缘性。塑料可用来制造电线的包皮、电插座、电器的外壳等。

2．常用塑料的种类

（1）聚氯乙烯（PVC）它是建筑中用量最大的一种塑料。硬质聚氯乙烯的密度为 1.38～1.43g/cm^3，机械强度高，化学稳定性好，使用温度范围一般在-15～+55℃之间，适宜制造塑料门窗、下水管、线槽等。

（2）聚乙烯（PE）　聚乙烯塑料在建筑上主要用于给排水管、卫生洁具。

（3）聚丙烯（PP）　聚丙烯的密度在所有塑料中是最小的，约为 0.90（g/cm^3）左右。聚丙烯常用来生产管材、卫生洁具等建筑制品。

（4）聚苯乙烯（PS）　聚苯乙烯为无色透明类似玻璃的塑料。聚苯乙烯在建筑中主要用来生产泡沫隔热材料、透光材料等制品。

（5）ABS 塑料　ABS 塑料是改性聚苯乙烯塑料，由以丙烯腈（A）、丁二烯（B）及苯乙烯（S）为基础的三组分所组成。ABS 塑料可制作压有花纹图案的塑料装饰板等。

【回顾反思】

1．塑料玩具的绘制流程是怎样的？每个流程中会遇到哪些问题？怎样解决的？

塑料玩具的绘制流程	遇到的问题	解决问题的方法
（1）________		
（2）________		
（3）________		
（4）________		
（5）________		

2．在进行绘制时都使用了哪些关键命令进行操作？

操作命令	在界面中的位置	使用方法
（1）________		
（2）________		
（3）________		
（4）________		
（5）________		

【课后作业】

1. 塑料的特性包括以下几点：____。

2. 在车轮的建模中用到的命令有：____。

3. 根据工程汽车，设计一款仿真塑料玩具。

项目 4　创意玩具的造型设计

创意是设计的灵魂。在近几年的玩具市场中，创意玩具以其新颖的造型，多变的功能和出人意料的创新点赢得了广大年轻消费者的青睐。本项目将引导大家开展创意玩具的设计。

模块　创意玩具车的造型设计

创意是设计的灵魂。在近几年的玩具市场中，创意玩具以其新颖的造型，多变的功能和出人意料的创新点赢得了广大年轻消费者的青睐。本项目将引导大家开展创意玩具的设计。

学习目标

- 了解创意玩具市场需求的调研方法
- 掌握头脑风暴创新法
- 掌握创意玩具的草图表现方法
- 掌握创意玩具的评审规则

工作任务

- 创意玩具设计分析
- 创意玩具方案设计
- 创意玩具草图设计
- 创意玩具评审

任务1　创意玩具车设计的市场调研

任务实施

1. 创意玩具市场调研

日本著名设计大师福田繁雄曾说过：作品不是做出来的，而是想出来的。优秀的设计需要突破眼前的意象型思维，以超现实的意象表达创意。玩具产品的设计构思，不能像绘画那样随心所欲地表达作者自己的情感和观念，而必须考虑消费者的特定需要。这种来自客观因素的制约，有时候也会影响设计师的思路。但事物的发展总是相辅相成的，在一定条件下，不利因素也会转化为启发设计师构思的有利条件，并为设计师提供新的思维角度。

通过网络和图书馆的资料收集，走访深圳地区的玩具卖场及参加相关玩具礼品展会，总结出近期热销的创意玩具主要有以下几种类型。

（1）创意家居玩具　对日常生活中的家居物品进行趣味化的创意，使之在具备实用功能的前提下造型更加生动幽默，成为也适合人们在手中把玩的玩具（如图 4-1 所示）。

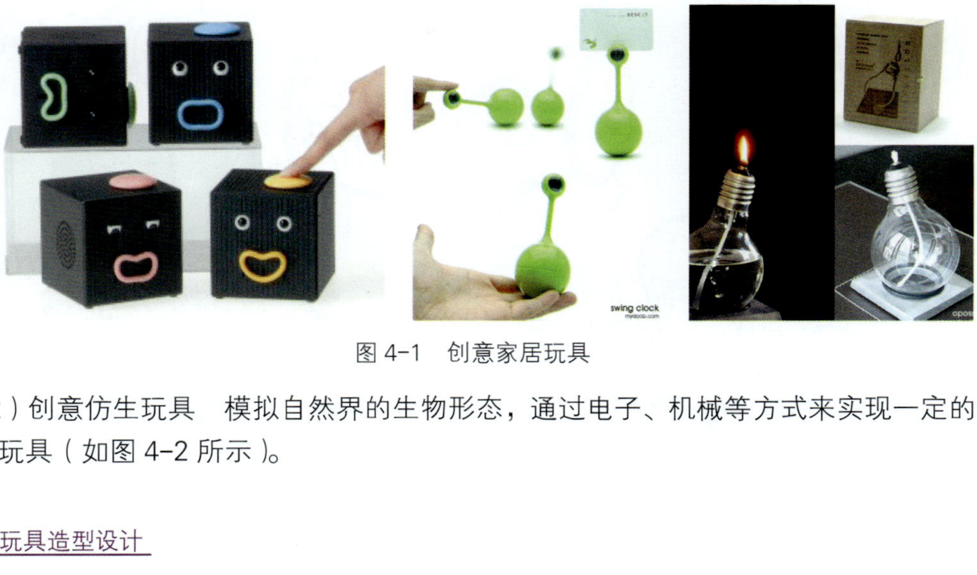

图 4-1　创意家居玩具

（2）创意仿生玩具　模拟自然界的生物形态，通过电子、机械等方式来实现一定的动作姿态的玩具（如图 4-2 所示）。

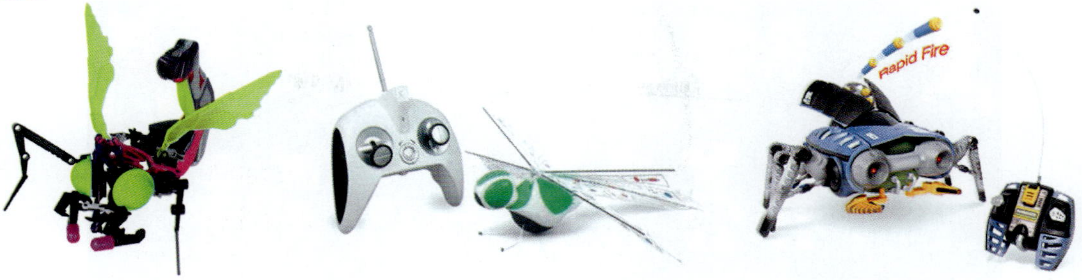

图 4-2　创意仿生玩具

（3）创意互动玩具　人们在把玩互动玩具时，玩具可以给予某种方式的回馈，从而达到人和玩具之间互动的效果（如图 4-3 所示）。

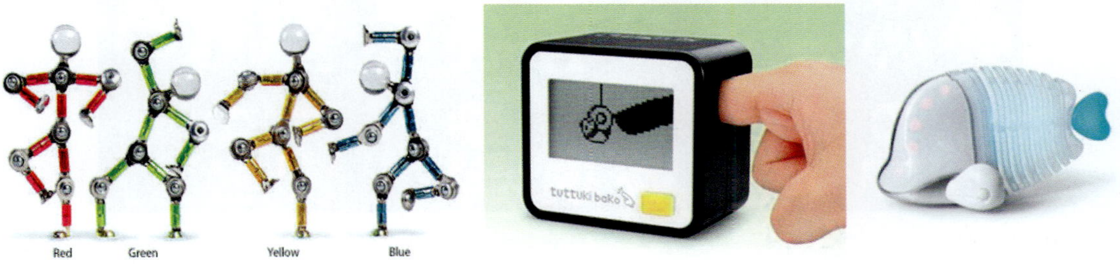

图 4-3　创意互动玩具

（4）创意解压玩具　针对现代都市人生活压力大而无处发泄的特性诞生的发泄类玩具，具有很好的宣泄情绪，达到平复心理压力的作用（如图 4-4 所示）。

图 4-4　创意解压玩具

（5）创意艺术玩具　又称为潮流玩具、设计师玩具等，它是由一些设计师、艺术家设计制作的具有鲜明的艺术色彩的玩偶，材料主要是容易塑形的搪胶，偶尔也会出现木制和金属材质。通常设计师们可以在艺术玩具素体上 DIY 出自己想要的图案（如图 4-5 所示）。

2. 创意玩具设计趋势分析

（1）主题玩具设计　即有目的、有计划地针对某一年龄段儿童的生理、心理发展需要，或针对某一特定的消费群体，开发设计适合要求的玩具。如儿童在 3～4 岁期间，是最爱模仿的时期，也是进行语言教育的最佳时期。一些炊具、家庭用品、医药用具等模型玩具（如图4-6 所示），可让儿童在“过家家”、当“医生”的角色游戏中学会用语言表达一些情节和内容。

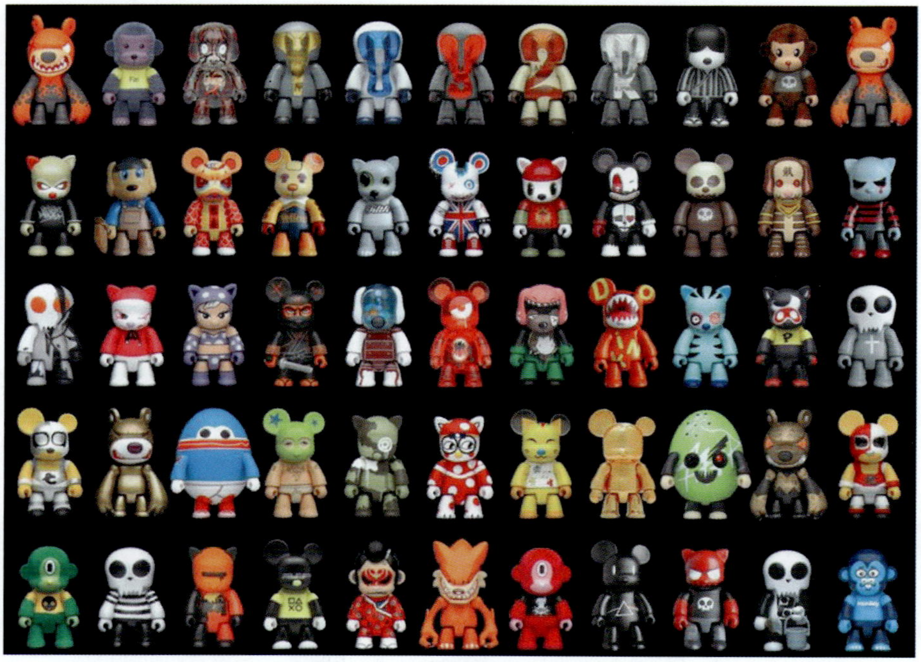

图 4-5　创意艺术玩具

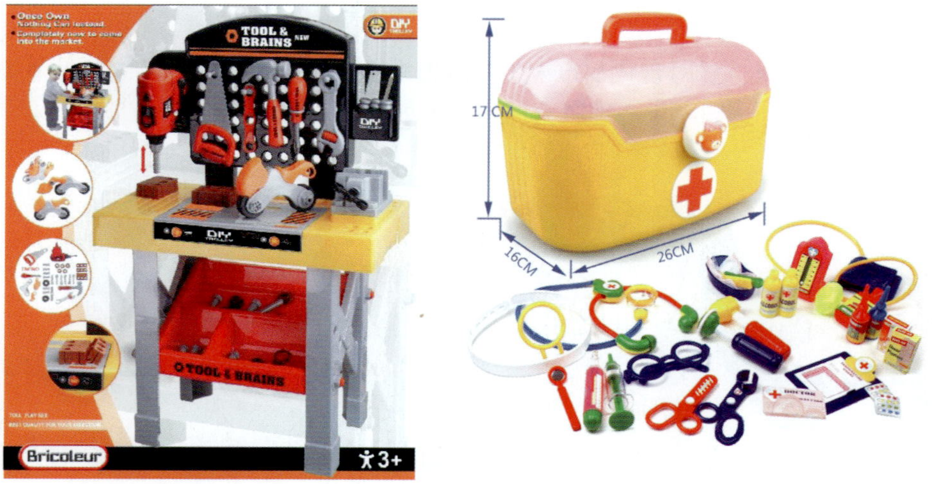

图 4-6　主题玩具设计

（2）功能整合设计　这类玩具将多种功能整合在一起，适合儿童长时间反复把玩。儿童随年龄的增长，兴趣会不断转移，功能单一的玩具会很快让孩子失去兴趣。功能整合设计可以使玩具内容丰富，玩法多变，延长其使用寿命，并能多方位地培养儿童的智力。如：拆装组合汽车玩具、具有可画画、录音等多功能的写字板、学习机等玩具（如图 4-7 所示）。

（3）旧民俗的新设计　中国历史上和民间都有许多构思奇巧、形态各异、充满东方智慧的玩具，如竹蜻蜓、陀螺、风筝、孔明灯、九连环等，只因时代的变迁，它们或因材料简单、或因玩法落伍、或因形态粗糙、或因包装陈旧、或因生产技术落后而渐渐被人们遗忘。但只要对它们稍加改造，注入时代概念，重新组合、设计、包装，他们就有了新生命（如图 4-8 所示）。

图 4-7　功能整合设计

图 4-8　推陈出新设计

（4）系列化设计　在设计中，不能把玩具看作一个孤立的小产品来设计，要有系统概念。首先要考虑随儿童的成长而不断调整的配套设计；其次要能从室内到户外随环境变化的系列玩具；另外要能从“玩”到“用”的纵深系列设计（如图 4-9 所示）。更可将三者整合，使玩具开发设计具有整体性、系列性。如一些既有娱乐性又有实用价值的儿童家具设计等。

图 4-9　系列化设计

任务 2　创意玩具车的头脑风暴法

所谓头脑风暴法，即一群人在没有拘束的情况下，围绕一个特定的领域，在较短时间内产生很多新观点和新想法的情境。

1. 任务准备

任务实施前应准备白板、卡纸、绘图笔、圆规、直尺等绘图工具。创意玩具设计的负责人应事先对所议问题进行一定的研究，弄清问题的实质，找到问题的关键，设定解决问题所要达到的目标。同时选定参加会议组员，一般以 5～10 人为宜。然后将议题、所要解决的问题、可供参考的资料和设想、需要达到的目标等事宜一并提前通知组员，让大家做好充分的准备。图 4-10 为头脑风暴法流程表。

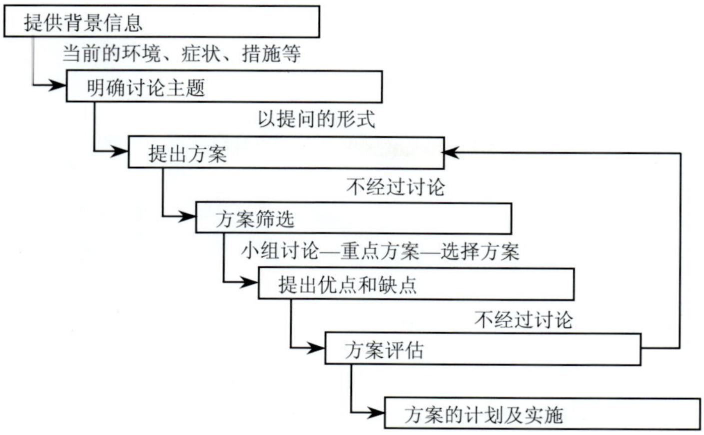

图 4-10　头脑风暴法流程表

2. 任务实施

（1）热身阶段　这个阶段主持人可以谈些和创意玩具设计无关的话题暖场，让大家的思维处于轻松和活跃的境界。

（2）明确问题　主持人扼要地介绍头脑风暴的主题——创意玩具设计。在介绍时不要限制太多的条条框框，否则会阻碍新创意的诞生。

（3）重新表述问题　经过一段讨论后，大家对问题已经有了较深程度的理解。这时。为了使大家对问题的表述能够具有新角度、新思维，主持人或书记员要记录大家的发言，并对发言记录进行整理。通过记录的整理和归纳，找出富有创意的见解，以及具有启发性的表述，供下步畅谈时参考。

（4）畅谈阶段　畅谈是头脑风暴法的创意阶段。为了使大家能够畅所欲言，需要制订的规则是：第一，不要私下交谈，以免分散注意力。第二，不妨碍及评论他人发言，每人只谈自己的想法。第三，发表见解时要简单明了，一次发言只谈一种见解。主持人首先要向大家宣布这些规则，随后引导大家自由发言，自由想象，自由发挥，使彼此相互启发，相互补充，真正做到知无不言，言无不尽，畅所欲言，然后将会议发言记录进行整理。图 4-11 为头脑风暴法记录表。

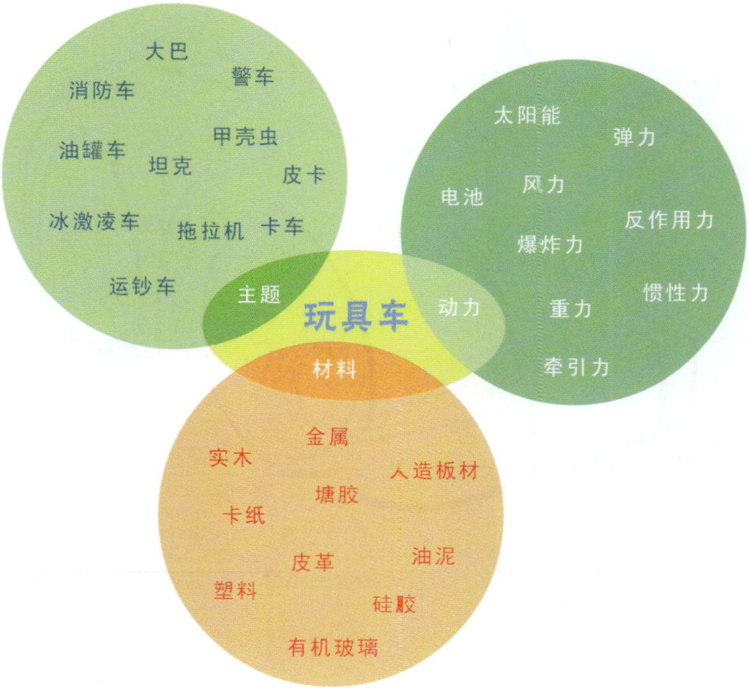

图 4-11　头脑风暴法记录表

（5）筛选阶段　会议结束后主持人应向与会者了解大家会后的新想法和新思路，以此补充会议记录。然后将大家的想法整理成若干方案，再根据创意玩具设计的设计要求进行筛选。经过多次反复比较和优中择优，最后确定 1～3 个最佳方案。各组成员根据这些方案来确定下一步的设计任务。

任务 3　创意玩具车的手绘方案设计

1．任务要求

（1）创意玩具车草图设计。

（2）创意玩具车方案细化。

2．任务实施

方案一

（1）确定创意玩具车的基本尺寸及主体造型，如图 4-12 所示。

（2）创意玩具车的车灯、引擎盖、保险杠、轮毂等部位的细化处理，如图 4-13 所示。

图 4-12　创意玩具车主体造型设计

图 4-13　创意玩具车方案细化

（3）铺设底色及背景设计，如图 4-14 所示。

（4）马克笔上色并完成创意玩具车的造型设计，如图 4-15 所示。

图 4-14　背景及底色处理

图 4-15　完 成 上 色

方案二

（1）确定创意玩具车的基本尺寸及基本比例，如图 4-16 所示。

（2）创意玩具车的轮廓勾勒，如图 4-17 所示。

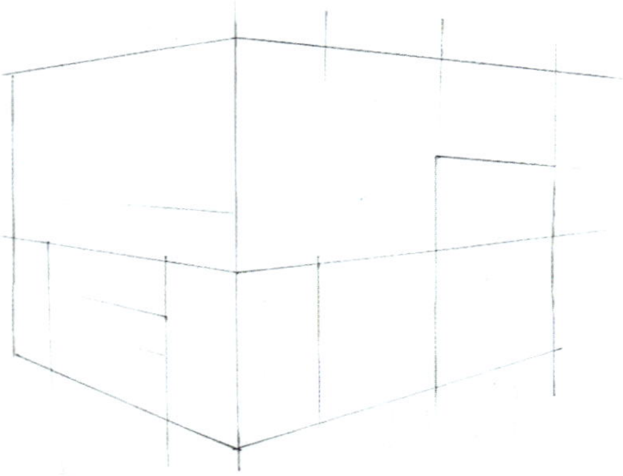

图 4-16　创意玩具车主体尺寸与比例

图 4-17　创意玩具车轮廓勾勒

（3）丰富玩具车的细节，作背景及底色处理，如图 4-18 所示。

（4）马克笔上色并完成创意玩具车的造型设计，如图 4-19 所示。

图 4-18　背景及底色处理

图 4-19　完 成 上 色

任务 4　创意玩具车的评审

1. 任务准备

任务实施前应对创意玩具评审规则有所了解。对创意玩具的方案进行审查，是保证产品投产可行性和保证产品质量的重要环节。要着重审查所设计的玩具是否符合创新要求，是否适应市场需求，对企业的发展是否有推动作用。通过审查，尽早发现设计缺陷并采取补救修正措施。创意玩具的评审应注意以下几个方面。

（1）安全性　玩具应该是无毒，而且不可以有尖锐的边缘。它的零件的组合要非常牢固，以免松脱造成儿童误食。此外，还得注意玩具是否含有害的化学物质成分，且不应使用易燃的材质。婴儿或学步中的儿童，应避免有长细绳和小零件的玩具。

（2）新颖性　创新是创意玩具的生命，是有别于传统玩具的重要特征之一。创意玩具的新颖性主要体现在玩具造型、结构、色彩、材料以及玩法上。

（3）趣味性　好的玩具会让孩子重复把玩，以各种不同的角度思索，玩很久也不厌烦。孩子永远是充满好奇心的，他们常常会发明出玩具的新玩法。

（4）开放性　好的创意玩具可以让孩子自己探索和开发各种可能的玩法，每一个孩子的个性都应该被充分尊重，而开放性的玩具从来没有标准固定的玩法，所以可以让不同的孩子因想法的不同而产生新的玩法。

（5）吸引力和教育性　好的创意玩具能提供适当的感官刺激，它们可以用来刺激孩子的视觉、听觉、嗅觉、触觉等。孩子也可以借着玩具学到物体的基本概念：大小、重量、颜色、平衡等。

（6）适龄性　玩具应该因儿童年龄及能力不同而有差异，孩子喜欢玩的玩具是他们能够操作的，玩法太难会令孩子有挫折感，太简单又会使他们觉得无聊。

（7）互动性　孩子大多喜欢和家长或同年龄的孩子一起玩耍，这也是增进亲子之间的互动关系的最佳途径，所以好的创意玩具要能使两人以上共同玩耍。

2. 任务实施

（1）分组对创意玩具方案设计按照产品外形、产品功能、产品生产工艺、产品 QA 测试等几个方面进行评审，并提出改善建议和方法，并填写表 4-1。

表 4-1　创意玩具方案设计评审表

检查项目	具体内容	检查结果	改善建议和方法
产品外形检查	1. 产品外形客户是否确认		
	2. 产品外形是否具有创新性		
	3. 产品外形是否符合消费者定位		
	4. 产品外形是否符合市场需求		
	5. 产品外形修改是否由原设计者确认		
	6. 产品装饰资料是否清晰、完整		
产品功能检查	1. 产品样板测试结果如何		
	2. 产品功能实现是否稳定可靠		
	3. 产品功能客户是否确认		

（续）

检 查 项 目	具 体 内 容	检 查 结 果	改善建议和方法
产品生产工艺性检查	1. 产品生产装配是否方便		
	2. 产品是否方便装配定位，区分左右零件是否容易		
	3. 装配定位是否准确可靠		
	4. 装配精度能否保证		
产品 QA 测试检查	1. 产品是否有安全性问题		
	2. 产品能否通过投掷、拉力、扭力、压力等测试		
	3. 电动机是否能通过使用寿命、温升测试		
	4. 电池是否可通过温升测试		
	5. 产品防水是否可通过测试		

（2）制作创意玩具评审星状图。创意方案的横向对比可通过制作星状图来完成，如图 4-20 所示。星状图的六条轴线分别代表外观、功能、创意、经济性、可实现性和安全性等项目，项目数可根据实际情况增减。每一项的满分为 10 分，创意玩具方案由评审小组对每个项目进行打分，再将每个得分以直线连接围成星状图。星状图面积越大，代表综合得分优势越高。

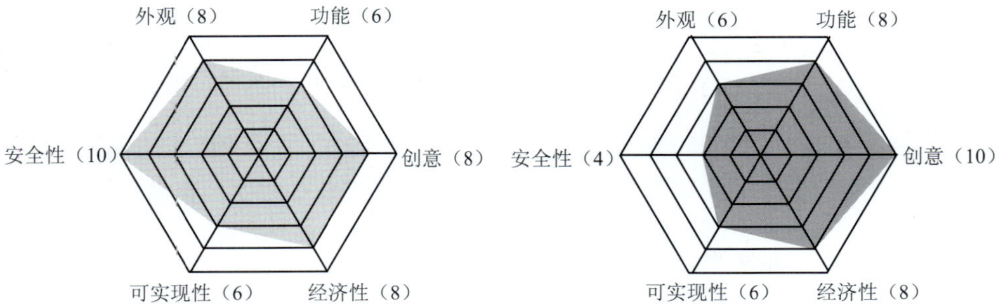

图 4-20　绘制星状图

（3）以星状图的结果为依据，对创意玩具车设计进行修正。

【延伸阅读】

★ 玩具的安全标准

玩具是宝宝不可或缺的游戏伙伴，但是在生活中，家长和宝宝往往被花花绿绿的新鲜玩具所吸引，而忽视了玩具的安全性。许多玩具的质量问题只有在发生事故时才受到人们的重视，但为时已晚，对宝宝已经造成伤害。因此，家长们在购买玩具时常常感到有许多困惑，到底什么样的玩具才是符合标准的呢？

早在 20 世纪 80 年代，欧洲共同体就颁布了玩具的标准 EN71，我国也有国标 GB6675-2003《国家玩具安全技术规范》，对玩具产品做了严格的质量要求，它针对不同年龄段的宝宝使用的玩具作了不同的规定。经过十几年的完善，我国已经正式颁布十几种相关的标准，覆盖各种类型的玩具。并规定了严格的玩具使用说明及标识的标准要求，如：必须标明生产厂名称、厂址、商标、使用年龄段、安全警示语、维护保养方法、执行标准号、产品合格证等，涉及 12 项内容。家长在购买玩具时，首先要检查玩具的包装上有没有这些内容，然后再购买。

毛绒玩具深受各个年龄层次的宝宝喜欢，由于它质地柔软，刚出生的婴儿也可以玩，因此国际标准的尺度更为严格。其中，国标 GB6675-2003 对毛绒玩具中的小零件的要求更为详细，如玩具上的鼻子、眼睛、扣子等小零件应承受 90N 拉力而不松动，否则，当宝宝咬、啃、抠这些小零件时，它们极易脱落伤及宝宝。另外，在购买时要用手捏一捏玩具，感受一下质感，凡感觉坚硬或有节块的大多是填充了一些劣质材料，如金属碎屑、钉、针、碎玻璃等不安全物品，宝宝玩时，有可能被扎伤。

当宝宝稍大时，家长就开始为他们购买童车，现在市场上的童车琳琅满目，从学步车、推车、童车三轮车到自行车，各种规格型号也非常齐全。家长在购买时要注意：学步车的底盘不能离地面太近，一般情况除了车轮以外，底盘及附件离地高度应至少为 25mm，否则存在安全隐患；推车的座兜的深度应大于 180mm，因为座兜过浅会让宝宝掉出来；儿童自行车从 12～20 英寸各种型号都有，在购买时，要根据宝宝的情况，选择自行车的把横管宽度、闸把尺寸以及保护平衡轮的标准。

家长在购买玩具时，应选择有信誉的商场专柜，一旦发生质量纠纷也能得到及时处理。玩具在陪伴宝宝成长的同时，也可能成为埋藏在宝宝身边的隐患，因此，安全第一。

美国消费品安全委员会（CPSIA）于 2008 年 8 月 14 日成为美国联邦法律，针对玩具产品中的各项有毒有害物质限量进行了更为严格的重新界定。现在，所有相关产品在进入美国市场以前，必须通过 CPSC 认可的第三方检测机构的检测，否则将面对巨额罚款并导致限制出口。

CPSC 玩具检测项目包括（不限于）：

* 玩具/儿童用品及涂料/油漆铅含量测试
* 易引起窒息的小部件测试
* 橡胶/安抚奶嘴

……

以上检测项目为玩具/儿童用品检测中最为重要的检测项目，几乎所有针对玩具/儿童用品的检测均需进行以上项目的测试，据调查谱尼测试是美国消费品安全委员会（CPSC）官方认可的为数不多的检测机构之一。

【回顾反思】

1. 概念玩具的设计流程是怎样的？每个流程中遇到哪些问题？怎样解决的？

概念玩具的设计流程	遇到的问题	解决问题的方法
（1）＿＿＿＿＿＿		
（2）＿＿＿＿＿＿		
（3）＿＿＿＿＿＿		
（4）＿＿＿＿＿＿		
（5）＿＿＿＿＿＿		

2. 在进行绘制时都使用了哪些关键命令操作？

操作命令	在界面中的位置	使用方法
（1）________		
（2）________		
（3）________		
（4）________		
（5）________		

【课后作业】

1. 通过本模块，我了解到创意玩具的主要特点有以下几点：____。

2. 近期创意玩具的热点有：____。

3. 玩具的创意方法有：____。

4. 根据样例，完成一款创意玩具的设计，并与设计要求进行核对和修正。

附　录

附录 A　犀牛 Rhino 快捷键对照表

按　键	操　作	指　令
Ctrl+Alt+W	设定为线框模式	WireframeViewport
Ctrl+Alt+S	设定为着色模式	ShadedViewport
Ctrl+Alt+R	设定为渲染模式	RenderedViewport
Ctrl+Alt+G	设定为半透明模式	GhostedViewport
Ctrl+Alt+X	设定为 X 光框模式	!XrayViewport
Ctrl+F1	最大化 Top 视图	SetMaximizedViewport Top
Ctrl+F2	最大化 Front 视图	SetMaximizedViewport Front
Ctrl+F3	最大化 Right 视图	SetMaximizedViewport Right
Ctrl+F4	最大化 Perspective 视图	SetMaximizedViewport Perspective
Ctrl+M	最大化当前视图	MaxViewport
Ctrl+Tab	切换视图	无
Ctrl+W	框选缩放	Zoom _Window
Ctrl+Shift+E	缩放至最大范围（当前视图）	Zoom _Extents
Ctrl+Alt+E	缩放至最大范围（全部视图）	Zoom _All _Extents
Home	复原视图改变	UndoView
End	重做视图改变	RedoView
F10	开启控制点	PointsOn
F11	关闭控制点	PointsOff
Ctrl+A	选择全部物体	SelAll
Ctrl+C	复制	CopyToClipboard
Ctrl+X	剪切	Cut
Ctrl+V	粘贴	Paste
Ctrl+J	结合	Join
Ctrl+T	修剪	Trim

（续）

按　　键	操　　作	指　　令
Ctrl+Shift+S	分割	Split
Ctrl+Z	复原	Undo
Ctrl+Y	重做	Redo
Ctrl+G	群组	Group
Ctrl+Shift+G	解散群组	Ungroup
Ctrl+B	定义图块	Block
Ctrl+I	插入图块	Insert
Ctrl+H	隐藏	Hide
Ctrl+Alt+H	显示	Show
Ctrl+Shift+H	显示选取的物体	ShowSelected
Ctrl+L	锁定	Lock
Ctrl+Alt+L	解除锁定	Unlock
Ctrl+Shift+L	解除锁定选取的物体	UnlockSelected
Ctrl+N	新建	New
Ctrl+O	打开	Open
Ctrl+I	插入	Insert
Ctrl+S	保存	Save
Ctrl+P	打印	Print
F1	帮助	Help
F2	指令历史	CommandHistory
F3	物体属性	Properties
F6	显示/隐藏摄像机	Camera _Toggle
F7	显示/隐藏网格	noecho –_Grid _ShowGrid
F8	开启/关闭正交模式	Ortho
F9	开启/关闭锁定格点	Snap
F12	以三维数字化仪取点	DigClick
Esc	取消选择，或中止操作	无
Space	代替回车，或重复上次操作	无

附录 B HyperShot 快捷键对照表

按键	操作
主要控制	
Space Bar	显示主菜单
M	显示材质库
K	快捷键浏览
H	显示信息
F	全屏
鼠标右键	显示快捷菜单
Ctrl+I	导入模型
Ctrl+E	导入环境 HDR 贴图
Ctrl+B	导入背景图
P	保存当前窗口图片
Ctrl+P	渲染
Shift+P	暂停、开始实时渲染
背景	
Arrow Keys	调整环境亮度
S	是否使用自身阴影
G	贴合地面
E	显示环境 HDR
B	清除背景图
Ctrl+鼠标左键	显示材质库
Ctrl+R	重置环境贴图
文件	
Ctrl+N	新建文件
Ctrl+S	保存文件
Ctrl+O	打开文件
Esc or Ctrl+Q	退出

按键	操作
摄像机	
拖曳鼠标左键	自由旋转摄像机
拖曳鼠标中键	平移摄像头
拖曳鼠标右键	移动摄像机
Alt+滚轮	调整焦距
Ctrl+Alt+滚轮	在屏幕平面旋转摄像机
Alt+R	重置相机
Alt+C	保存相机视角
Alt+N	从所有视角游览
Alt+Ctrl+鼠标右键	拾取相机旋转轴点
材质	
双击鼠标左键	打开该材质属性编辑器
Shift+鼠标左键	拾取材质
Shift+鼠标右键	赋予材质
Shift+ Ctrl+鼠标右键	赋予材质并关联
Ctrl+Z	恢复上次材质
模型	
Ctrl+U	显示所有物体
Shift+Alt+鼠标中键	以 Y 轴旋转物体
Shift+Alt+Ctrl+鼠标中键	自由旋转物体
Shift+Alt+鼠标左键	缩放物体
Shift+Alt+鼠标右键	在 X、Y 平面旋转
Shift+Alt+ Ctrl+鼠标左键	在 Y 轴上移动

附录C 世界玩具安全标准一览表

国家/地区	名　称	国家/地区	名　称
国际标准化组织	ISO 8124-1:2000 玩具安全－第1部分：机械和物理性能相关的安全要求 ISO 8124-2:1994 玩具安全－第2部分：阻燃 ISO 8124-3:1997 玩具安全－第3部分：某些元素的转移 ISO 8098:1989+Amdt 1:1992 儿童自行车的安全要求	中国	GB 6675-2003 国家玩具安全技术规范 GB/T 9832-2007 毛绒、布制玩具 GB 5296.5-2006 消费品使用说明第5部分：玩具 GB 14746-2006 儿童自行车安全要求 GB 14747-2006 儿童三轮车安全要求 GB 14748-2006 儿童推车安全要求 GB 14749-2006 婴儿学步车安全要求
澳大利亚	AS 1647.1-1990：一般要求 AS1647.2-1992Admt.1-1995：结构要求 AS 1647.3-1995：毒性要求 AS 1647.4-1980：阻燃要求 AS 1990-1991	马来西亚	MS EN71 Part1:1995：物理和机械性能 MS ISO8124-2:1999：阻燃性能 MS EN71Part3:1998：某些元素的转移 MS EN71Part4:1998：化学和有关活动用的试验装置 MS EN71 Part5:1998：化学玩具（试验装置除外）
巴西	NBR 11786/1998 玩具安全	香港	玩具和儿童产品安全要求
加拿大	C.R.C.,c.931 危险产品（玩具）法案	日本	第1部分：物理和机械性能 第2部分：阻燃性能 第3部分：化学性能
美国	CPSC 16CFR Part1000 to End 联邦消费品安全法令 ASTM F963-96a 玩具安全 ANSI Z315.1-1996 三轮车安全要求 ANSI/UL 696 电动玩具安全	沙特阿拉伯	SSA 765-1994 操场设备：第1部分：通用安全要求 SSA 1063-1994 玩具和通用安全要求 SSA 1064-1995 测试方法第1部分：机械和化学测试 SSA 1065-1995 测试方法第2部分：阻燃 SSA 1322-1997 低功率射频装置
新西兰	NZS 5820:1982+Amendment No.1 + COPR1 玩具安全要求 NZS 5822:1992 3岁以下儿童使用玩具的吞入和窒息危险预防	泰国	TIS 685-2540 Part1：1997 玩具安全－第1部分：通用要求 TIS 685-2540 Part2：1997 玩具安全－第2部分：包装和标识 TIS 685-2540 Part3：1997 玩具安全－第3部分：测试方法和分析
南非	SABS ISO 8124-1:2000 玩具安全－第1部分：机械和物理性能相关的安全要求 SABS ISO 8124-2:2000 玩具安全－第2部分：阻燃 SABS ISO 8124-3:2000 玩具安全－第3部分：某些元素的转移	新加坡	SS 474 PT.1:2000：物理和机械性能 SS 474 PT.2:2000：阻燃性能 SS 474 PT.3:2000：某些元素的转移 SS 474 PT.4:2000：化学和有关活动用的试验装置 SS 474 PT.5:2000：化学玩具（试验装置除外） SS 474 PT.6:2000：年龄标志的图形表示

（续）

国家/地区	名　称	国家/地区	名　称
欧盟	88/378/EEC 玩具安全法令 93/68/EEC CE 标记加贴和使用规定 EN71-1:1998+A1:2001+A2:2000：物理和机械性能 EN71-2:1993：阻燃性能 EN71-3:1994+A1:2000：某些元素的转移 EN71-4:1990+A1:1998：化学和有关活动用的试验装置 EN71-5:1993：化学玩具（试验装置除外） EN71-6:1994：年龄标志的图形表示 EN50088/A1:1996 电动玩具的安全	欧洲相关玩具标准	玩具适用标准 EN71 EN71 Part 1 机械及物理性能测试 EN71 Part 2 易燃性测试 EN71 Part 3 8 种有毒金属元素含量测试 EN71 Part 4 化学实验玩具 EN71 Part 5 非实验用化学玩具 EN71 Part 6 年龄组警告标签的图解符号 EN71 Part 7 指画颜料 EN71 Part 9 有机化合物通用要求 EN71 Part 10 样品制备和提取 EN71 Part 11 有机物化合物分析方法 电动玩具附加测试标准 EN50088/EN62115 电磁兼容指令 2004/108/EEC 电磁抗扰度（EMS）:EN55014-2 镉指令测试和偶氮染料测试 Cadmium test and AZO test

附录 D　国际标准颜色色卡“潘通卡”（Pantone）——颜色比对卡

Process YellowC	100C	106C	113C	120C	1205C	127C	134C	1345C	141C
Process MagentaC	101C	107C	114C	121C	1215C	128C	135C	1355C	142C
Process CyenC	102C	108C	115C	122C	1225C	129C	136C	1365CC	143C
Process BlackC	YellowC	109C	116C	123C	1235C	130C	137C	1375C	144C
Orange 021C	103C	110C	117C	124C	1245C	131C	138C	1385C	145C
Red 032C	104C	111C	118C	125C	1255C	132C	139C	1395C	146C
Blue 072C	105C	112C	119C	123C	1265C	133C	140C	1405C	147C
148C	1485C	155C	1555C	162C	1625C	169C	176C	1765C	1767C
149C	1495C	156C	1565C	163C	1635C	170C	177C	1775C	1777C
150C	1505C	157C	1575C	164C	1645C	171C	178C	1785C	1787C
151C	Orange 021C	158C	1585C	165C	1655C	172C	Warm RedC	1788C	Red 032C

（续）

152C	1525C	159C	1595C	166C	1665C	173C	179C	1795C	1797C
153C	1535C	160C	1605C	167C	1675C	174C	180C	1805C	1807C
154C	1545C	161C	1615C	168C	1685C	175C	181C	1815C	1817C
182C	189C	1895C	196C	203C	210C	217C	223C	230C	236C
183C	190C	1905C	197C	204C	211C	218C	224C	231C	237C
184C	191C	1915C	198C	205C	212C	219C	225C	232C	238C
185C	192C	1925C	199C	206C	213C	Rubine RedC	226C	Rhodamine RedC	239C
186C	193C	1935C	200C	207C	214C	220C	227C	233C	240C
187C	194C	1945C	201C	208C	215C	221C	228C	234C	241C
188C	195C	1955C	202C	209C	216C	222C	229C	235C	242C
2365C	243C	250C	256C	2562C	2563C	2567C	263C	2635C	270C
2375C	244C	251C	257C	2572C	2573C	2577C	264C	2645C	271C
2385C	245C	252C	258C	2582C	2583C	2587C	265C	2655C	272C
2395C	246C	PurpleC	259C	2592C	2593C	2597C	266C	2665C	273C
2405C	247C	253C	260C	2602C	2603C	2607C	267C	VioletC	274C
2415C	248C	254C	261C	2612C	2613C	2617C	268C	2685C	275C
2425C	249C	255C	262C	2622C	2623C	2627C	269C	2695C	276C
2705C	2706C	2707C	2708C	277C	283C	290C	2905C	297C	2975C
2715C	2716C	2717C	2718C	278C	284C	291C	2915C	298C	2985C
2725C	2726C	2727C	2728C	279C	285C	292C	2925C	299C	2995C
2735C	2736C	Blue 072C	2738C	Reflex BlueC	286C	293C	2935C	300C	3005C
2745C	2746C	2747C	2748C	280C	287C	294C	2945C	301C	3015C
2755C	2756C	2757C	2758C	281C	288C	295C	2955C	302C	3025C
2765C	2766C	2767C	2768C	282C	289C	296C	2965C	303C	3035C
304C	310C	3105C	317C	324C	3242C	3245C	3248C	331C	337C
305C	311C	3115C	318C	325C	3252C	3255C	3258C	332C	338C
306C	312C	3125C	319C	326C	3262C	3265C	3268C	333C	339C
Process BlueC	313C	3135C	320C	327C	3272C	3275C	3278C	GreenC	340C
307C	314C	3145C	321C	328C	3282C	3285C	3288C	334C	341C
308C	315C	3155C	322C	329C	3292C	3295C	3298C	335C	342C
309C	316C	3165C	323C	330C	3302C	3305C	3308C	336C	343C
3375C	344C	351C	358C	365C	372C	379C	386C	393C	3935C
3385C	345C	352C	359C	366C	373C	380C	387C	394C	3945C
3395C	346C	353C	360C	367C	374C	381C	388C	395C	3955C

（续）

3405C	347C	354C	361C	368C	375C	382C	389C	396C	3965C
3415C	348C	355C	362C	369C	376C	383C	390C	397C	3975C
3425C	349C	356C	363C	370C	377C	384C	391C	398C	3985C
3435C	350C	357C	364C	371C	378C	385C	392C	399C	3995C
400C	406C	413C	420C	427C	434C	441C	Warm Gray 1C	Warm Gray 6C	Cool Gray 1C
401C	407C	414C	421C	428C	435C	442C	Warm Gray 2C	Warm Gray 7C	Cool Gray 2C
402C	408C	415C	422C	429C	436C	443C	Warm Gray 3C	Warm Gray 8C	Cool Gray 3C
403C	409C	416C	423C	430C	437C	444C	Warm Gray 4C	Warm Gray 9C	Cool Gray 4C
404C	410C	417C	424C	431C	438C	445C	Warm Gray 5C	Warm Gray 10C	Cool Gray 5C
405C	411C	418C	425C	432C	439C	446C		Warm Gray 11C	
BlackC	412C	419C	426C	433C	440C	447C			
Cool Gray 6C	448C	4485C	455C	462C	4625C	469C	4695C	476C	483C
Cool Gray 7C	449C	4495C	456C	463C	4635C	470C	4705C	477C	484C
Cool Gray 8C	450C	4505C	457C	464C	4645C	471C	4715C	478C	485C
Cool Gray 9C	451C	4515C	458C	465C	4655C	472C	4725C	479C	486C
Cool Gray 10C	452C	4525C	459C	466C	4665C	473C	4735C	480C	487C
Cool Gray 11C	453C	4535C	460C	467C	4675C	474C	4745C	481C	488C
	454C	4545C	461C	468C	4685C	475C	4755C	482C	489C
490C	497C	4975C	504C	511C	5115C	518C	5185C	525C	5255C
491C	498C	4985C	505C	512C	5125C	519C	5195C	526C	5265C
492C	499C	4995C	506C	513C	5135C	520C	5205C	527C	5275C
493C	500C	5005C	507C	514C	5145C	521C	5215C	528C	5285C
494C	501C	5015C	508C	515C	5155C	522C	5225C	529C	5295C
495C	502C	5025C	509C	516C	5165C	523C	5235C	530C	5305C
496C	503C	5035C	510C	517C	5175C	524C	5245C	531C	5315C
532C	539C	5395C	546C	5463C	5467C	553C	5535C	560C	5605C
533C	540C	5405C	547C	5473C	5477C	554C	5545C	561C	5615C

（续）

534C	541C	5415C	548C	5483C	5487C	555C	5555C	562C	5625C
535C	542C	5425C	549C	5493C	5497C	556C	5565C	563C	5635C
536C	543C	5435C	550C	5503C	5507C	557C	5575C	564C	5645C
537C	544C	5445C	551C	5513C	5517C	558C	5585C	565C	5655C
538C	545C	5455C	552C	5523C	5527C	559C	5595C	566C	5665C
567C	574C	5743C	5747C	581C	5815C	600C	607C	614C	621C
568C	575C	5753C	5757C	582C	5825C	601C	608C	615C	622C
569C	576C	5763C	5767C	583C	5835C	602C	609C	616C	623C
570C	577C	5773C	5777C	584C	5845C	603C	610C	617C	624C
571C	578C	5783C	5787C	585C	5855C	604C	611C	618C	625C
572C	579C	5793C	5797C	586C	5865C	605C	612C	619C	626C
573C	580C	5803C	5807C	587C	5875C	606C	613C	620	627C
628C	635C	642C	649C	656CC	663C	670C	677C	684C	691C
629C	636C	643C	650C	657C	664C	671C	678C	685C	692C
630C	637C	644C	651C	658C	665C	672C	679C	686C	693C
631C	638	645C	652C	659C	666C	673C	680C	687C	694C
632C	639C	646C	653C	660C	667C	674C	681C	688C	695C
633C	640C	647C	654C	661C	668C	675C	682C	689C	696C
634C	641C	648C	655C	662C	669C	676C	683C	690C	697C
698C	705C	712C	719C	726C	Yellow 2×C	485 2×C	Reflex Blue 2×C	354 2×C	Black 2C
699C	706C	713C	720C	727C	116 2×C	Rubine Red 2×C	Process Blue 2×C	368 2×C	Black 3C
700C	707C	714C	721C	728C	130 2×C	Rhodamine Red 2×C	299 2×C	375 2×C	Black 4C
701C	708C	715C	722C	C729	165 2×C	239 2×C	306 2×C	382 2×C	Black 5C
702C	709C	716C	723C	C730	Warm Red 2×C	Purple 2×C	320 2×C	471 2×C	Black 6C
703C	710C	717C	724C	C731	1788 2×C	2592 2×C	327 2×C	464 2×C	Black 7C
704C	711C	718C	725C	C732	185 2×C	Violet 2×C	CGreen 2X	433 2×C	
Black 2 2×C	801C	801 2×C	808C	808 2×C					
Black 3 2×C	802C	802 2×C	809C	809 2×C					
Black 4 2×C	803C	803 2×C	810C	810 2×C					
Black 5 2×C	804C	804 2×C	811C	811 2×C					
Black 6 2×C	805C	805 2×C	812C	812 2×C					
Black 7 2×C	806C	806 2×C	813C	813 2×C					
	807C	807 2×C	814C	814 2×C					

参考文献

[1] 梁梅. 助理玩具设计师[M]. 北京：中国劳动社会保障出版社，2006.

[2] 梁梅. 玩具设计员[M]. 北京：中国劳动社会保障出版社，2006.

[3] 赵得成. 产品造型设计[M]. 北京：海洋出版社，2010.

[4] 王继成. 工业产品造型助理设计师[M]. 北京：中国劳动社会保障出版社，2008.

[5] 李珠志，卢飞跃，甘庆军. 玩具造型设计[M]. 北京：化学工业出版社，2007.

[6] 艾萍，韩军，朱宏轩. Rhino & Vray 产品设计创意表达[M]. 北京：人民邮电出版社，2010.

[7] 何颂飞. 工业设计—— 内涵·思维·创意[M]. 北京：中国青年出版社，2007.

[8] 崔天剑，李鹏. 产品形态设计[M]. 南京：江苏美术出版社，2007.